Web
开发人才培养系列丛书

Bootstrap
Web前端开发技术

微课版

肖立莉 刘德山 ◉ 编著

人民邮电出版社

北 京

图书在版编目（CIP）数据

Bootstrap Web前端开发技术 : 微课版 / 肖立莉,
刘德山编著. -- 北京 : 人民邮电出版社, 2023.4
（Web开发人才培养系列丛书）
ISBN 978-7-115-60395-1

Ⅰ. ①B… Ⅱ. ①肖… ②刘… Ⅲ. ①网页制作工具
Ⅳ. ①TP393.092.2

中国版本图书馆CIP数据核字(2022)第209662号

内 容 提 要

本书系统介绍 Bootstrap 5 的相关知识及其应用，知识全面、案例丰富、易学易用。本书共 11 章，内容可以归纳为 4 部分，即 Bootstrap 5 的基本知识、弹性布局和栅格布局、组件和表单、实际网站的设计和实现；同时，本书还将 Bootstrap 5 与之前的版本及 DIV+CSS 布局进行对比，从多个维度介绍基于 Bootstrap 5 的 Web 前端开发技术的优势。此外，编者细致整理了本书所有案例的源码和素材资源，以便读者扎实学习并系统掌握 Bootstrap 5 这一 Web 前端开发框架。

本书可作为普通高等院校、高职高专院校网站设计相关课程的教材，也可作为信息技术类相关专业学生和 Web 前端开发人员的参考书。

◆ 编　著　肖立莉　刘德山
　　责任编辑　王　宣
　　责任印制　王　郁　陈　犇

◆ 人民邮电出版社出版发行　　北京市丰台区成寿寺路 11 号
　　邮编　100164　电子邮件　315@ptpress.com.cn
　　网址　https://www.ptpress.com.cn
　　大厂回族自治县聚鑫印刷有限责任公司印刷

◆ 开本：787×1092　1/16
　　印张：14.75　　　　　　　　　　2023 年 4 月第 1 版
　　字数：405 千字　　　　　　　　2023 年 4 月河北第 1 次印刷

定价：59.80 元

读者服务热线：(010)81055256　印装质量热线：(010)81055316
反盗版热线：(010)81055315
广告经营许可证：京东市监广登字 20170147 号

前 言

前端框架 Bootstrap 自 2011 年 8 月发布至今，已有 11 年。Bootstrap 称自己为"世界上最流行的用于构建响应式、移动优先站点的框架"。2022 年 10 月，GitHub 星数排行榜的数据表明，Bootstrap 已成为全球极为流行的前端开源框架。

Bootstrap 作为流行的 CSS 框架，支持 Sass 变量和 Mixins、响应式栅格系统、大量的预建组件和强大的 JavaScript 插件，可以帮助用户快速设计和自定义响应式、移动优先的站点。在 Web 前端开发项目中使用 Bootstrap 框架，可以显著提高开发效率，降低开发的复杂度。

Bootstrap 5 简介

Bootstrap 5 是当前使用的主要版本，于 2021 年 5 月发布。它相比于之前的版本有大量的变化，包括添加了新组件、新类、旧组件的新样式，支持更新的浏览器，删除了一些旧组件等。

与之前的版本相比，jQuery 不再是 Bootstrap 5 的依赖项，用户可以在没有 jQuery 的情况下充分使用 Bootstrap 5。

Bootstrap 5 通过较少的修改来改进 Bootstrap 4。如果读者有 Bootstrap 4 的使用经验，则掌握 Bootstrap 5 是很容易的。Bootstrap 4 中的大部分组件和类在 Bootstrap 5 中仍然可用。对于改进的部分，书中大都做了说明。

如果读者有 Bootstrap 3 的基础，则不难知道，相比于 Bootstrap 3，Bootstrap 5 对组件和插件进行了较大的改进，例如增加工具类、改变栅格布局、替换组件等，这些改进在本书中均有相应的提示。

本书内容

本书从 Bootstrap 5 的基础入手，帮助读者理解 Bootstrap 5 的使用方法。本书对 Bootstrap 5 的内容由浅入深地进行讲解，尤其是它在响应式开发中的应用。为了帮助读者深入掌握 Bootstrap 5 的精髓，编者在本书中特别做了下面的工作。

一是在介绍 Bootstrap 5 的组件或类时，深入分析部分组件和类的源码，对比它与早期版本的组件或插件的区别，重点说明它的使用方法和应用场景，方便具有一定基础的读者深入学习。

二是与 Web 前端开发应用充分结合。书中在对框架知识点进行细致讲解的同时，还给出了应用示例，最后附上综合案例，方便读者在具体的场景下使用 Bootstrap 5，并在目标指引下学习和应用相关技术。

三是详细介绍定制开发与 Sass，为读者的后续学习和技能提升奠定基础。

本书以 Bootstrap 5 的技术框架为主线，内容可以归纳为以下 4 部分。

第 1 部分是 Bootstrap 5 的基础知识，包括第 1 章～第 3 章，介绍 Bootstrap 概述、Bootstrap 5

< 1 >

的基础样式、Bootstrap 5 的工具类，它们是全书的基础。

第 2 部分是 Bootstrap 5 的布局，包括第 4 章～第 5 章，介绍 Bootstrap 5 的弹性布局和栅格布局。

第 3 部分是 Bootstrap 5 的组件和表单，以及如何使用 Sass 进行定制开发，包括第 6 章～第 9 章，详细讲解不同组件的应用，着重介绍定制开发的工具和过程。

第 4 部分是综合案例，包括第 10 章～第 11 章，介绍两个实际网站的设计和实现过程，详细说明 Bootstrap 5 中不同元素的应用场景。

本书特色

1．知识全面、系统

本书知识点覆盖工具类、布局、组件等主要内容，满足读者学习 Bootstrap 5 的需求。本书的重点是 Bootstrap 5 在前端开发过程中经常使用或功能有重大改进的内容，可用于解决框架开发的大多数问题，读者可以用很少的时间认识 Bootstrap 5 的全貌，并深入学习框架的应用方法。

2．案例丰富、实用

本书多以案例形式讲解 Bootstrap 5 元素，并给出针对具体内容的应用示例，还在最后给出面向应用的综合案例。本书将一些 Bootstrap 5 组件与传统的 DIV+CSS 布局进行对比讲解，这有助于读者更深入地掌握框架的应用方法。

3．资源优质、齐全

本书提供全部案例的源码和素材资源，方便读者进行实践训练。本书的案例都已通过上机实践，结果运行无误；此外，本书还提供 PPT 课件、教学大纲、思维导图、习题参考答案等教辅资源。

读者可以到人邮教育社区（www.ryjiaoyu.com.cn）下载本书的上述资源。

特别说明

Bootstrap 5 的入门学习简单，只要具备 HTML、CSS 基础知识，就可以学习 Bootstrap 5 并构建响应式静态网站。读者如果不具备 Web 前端开发的基本经验，使用 Bootstrap 5 进行开发时可能会产生代码混乱或页面效果与预期不一致等问题。因此，对底层技术有较好的掌握，并能对何时应用 Bootstrap 5 做出合理的判断，将对读者顺利进行 Web 前端开发有很大的帮助。

基于此，编者定位本书读者为学习 Web 前端开发技术的人员，可以是 Bootstrap 5 初学者，也可以是具有一定基础的 Web 前端开发人员。

本书由肖立莉、刘德山编著。编者在编写本书的过程中，参考了大量同行学者的著作，同时，章增安、党琦在案例设计、素材整理等方面做了大量工作，并参与了本书示例的实现与验证，在此一并表示感谢。

由于编者水平有限，书中可能存在疏漏之处，敬请读者朋友批评指正。

编　者
2023 年春于大连

目　录

< 1 >

< 2 >

第 8 章
Bootstrap 5 的表单

第 9 章
定制与优化 Bootstrap 5

第 10 章
综合案例 1——Web 学习
网站的设计

< 3 >

第 11 章
综合案例 2——产品展示网站的设计

参考文献

< 4 >

第1章 Bootstrap 概述

Web 前端开发以 HTML、CSS、JavaScript 等技术为基础，目标是优化网站性能、提升用户体验。为了提高开发效率，基于框架的开发日渐流行，越来越多的框架在 Web 前端开发中得到应用。Bootstrap 是目前流行的前端开发框架，提供了用于布局的栅格系统、通用工具库，还提供了按钮、导航、菜单等组件，可以用于快速构建网站原型，甚至开发企业级的网站。

本章介绍 Bootstrap 的基础知识，主要包括以下内容。

- Bootstrap 5 的特点。
- Bootstrap 5 的内容和结构。
- Web 前端开发工具的介绍。
- Bootstrap 5 的应用示例。

1.1 认识 Bootstrap

Bootstrap 是一个用于快速开发 Web 应用的前端框架。在计算机领域，框架是对整个或部分系统的可重用设计，其能实现对基础功能的封装。Web 前端开发框架提供了大量的组件或类，在使用框架时可以直接调用封装好的组件或类，而不再需要编写烦琐的代码，从而提高开发效率。

Bootstrap 由 Twitter（推特）的程序员马克·奥托（Mark Otto）和雅各布·桑顿（Jacob Thornton）于 2011 年 8 月创建。Bootstrap 基于 HTML、CSS、JavaScript 等技术创建，实际上是一个 CSS 框架，对常用的标题、表格、列表、表单等元素的样式进行了专业化的设计和封装，还可以根据需要定制和修改它们。Bootstrap 提供了大量可重用的组件，使用这些组件能迅速构建简洁、美观的页面。与 Bootstrap 类似，jQuery 也是流行的 Web 前端开发框架，它封装了 JavaScript。早期版本的一些 Bootstrap 组件需要 jQuery 的支持。

Bootstrap 拥有详尽的文档，用户甚至不需要查看框架的源码，只要引入框架，复制一些组件，例如菜单、导航条、轮播等，就可以实现相对复杂的页面。

Bootstrap 的特点是可以很好地支持响应式的布局设计，简化媒体查询实现的响应式页面。自 Bootstrap 3 起，Bootstrap 框架就采用了移动优先的理念，能更好地适应平板电脑和手机应用的 Web 开发，成为移动开发的流行框架。

星巴克官网、GitHub 官网都是基于 Bootstrap 框架开发的。Bootstrap 中文网也是基于 Bootstrap 框架开发的，它使用了响应式布局。图 1-1 所示是 Bootstrap 5 中文网在台式计算机上的显示效果。在小型设备中，页面中的内容从上到下堆叠显示。Bootstrap 中文网中的网站示例链接包括很多使用 Bootstrap 框架开发的网站。

图 1-1　Bootstrap 5 中文网在台式计算机上的显示效果

1.2 Bootstrap 的版本

　　Bootstrap 自推出以来，先后经历了 Bootstrap 2、Bootstrap 3、Bootstrap 4 等版本， 2021 年 5 月发布了 Bootstrap 5。

　　最初版本的 Bootstrap 是用于快速搭建 Web 应用的轻量级前端开发框架。Bootstrap 2 的主要特点是添加了响应式特性，采用了灵活的 12 列栅格系统，分为基础 CSS、组件和 JavaScript 插件等部分。

　　Bootstrap 3 的主要特点是移动优先，具有改进的栅格系统、扁平化设计的极简风格等。

　　Bootstrap 4 重新改写了框架，与 Bootstrap 3 相比，有更多的类，并整合了部分组件。其主要改进如下。

- 编译工具从 Less 迁移到 Sass，Bootstrap 的编译速度比以前更快。
- 支持弹性盒子（Flexbox）模型，可以利用 Flexbox 的优势快速布局，进一步改进栅格系统。
- 文档用 Markdown 格式重新编写，增加了一些方便插件组织的示例和代码片段，使用起来更方便。

Bootstrap 5 是当前的新版本，它通过尽可能少的修改来改进 Bootstrap 4，主要特点如下。

- 放弃了对 IE 旧版本浏览器的支持。
- 删除了 jQuery 依赖，即使一些 DOM 操作也使用原生方法。
- 增加了 CSS 的自定义属性。
- 进一步改进了栅格系统，增加了 xxl 设备类型，并且添加了对 Gutter 的支持。
- 在语法上，与 Bootstrap 4 对比，data 属性命名空间的前缀修改为 data-bs，避免了属性冲突。

本书使用的版本是 Bootstrap 5.1.3，它支持所有的主流浏览器。

1.3 Bootstrap 5 的特点

　　Bootstrap 在 Web 前端开发中非常流行，这得益于其简单实用的功能和特点，具体介绍如下。

< 2 >

1．响应式布局

Bootstrap 5 提供支持响应式布局的栅格系统，支持台式计算机屏幕各种分辨率的显示，还支持平板电脑、手机等屏幕的显示。从 Bootstrap 3 开始，Bootstrap 的设计目标是移动设备优先，之后才注重桌面设备，以适应当前开发的需求。

2．丰富的组件

Bootstrap 5 提供了实用性很强的组件，包括导航、标签、工具条、按钮、下拉菜单、折叠、轮播等组件；同时，美化了标题、列表、表格等页面元素的样式。

3．支持 Less 和 Sass 动态样式

Less 和 Sass 是 CSS 预处理程序，可以使用变量、嵌套、混入（Mixins），从而更快、更灵活地编写 CSS。Less、Sass 和 Bootstrap 能很好地配合开发。

4．使用简单

Bootstrap 5 拥有详尽的文档。只需将文档中的代码复制到开发环境，并略加修改，就可以实现美观的页面效果。而且 Bootstrap 5 的样式类和工具类的语义性强，便于掌握和记忆。

5．可定制性

可定制性是 Bootstrap 5 的重要优点。在 Bootstrap 3 之前，用户可以选择性地下载需要的组件，或在下载前调整参数来匹配自己的项目。Bootstrap 4 之后的版本使用 Sass 开发，用户可以方便地定义和扩展 Bootstrap，包括全局选项和扩展的颜色系统。Bootstrap 5 是完全开源的，用户可以根据自己的需要修改代码。

此外，Bootstrap 5 很好地支持了 HTML5 的语义化标记和 CSS3 属性，并且 Bootstrap 5 几乎可以兼容所有的主流浏览器。

1.4 Bootstrap 5 的内容

Bootstrap 5 由布局、页面样式、组件和工具类等部分组成，还包括定制 Bootstrap 5 的模块。Bootstrap 官网包括完整的帮助文档、示例和最新的版本变化，Bootstrap 官网页面如图 1-2 所示。

图 1-2　Bootstrap 官网页面

< 3 >

Bootstrap 5 中文网中给出了中文文档和示例，方便使用中文的用户阅读。Bootstrap 5 的主要内容如下。

- 布局：包括断点和改进的 Bootstrap 5 栅格系统，以及用于布局的 Gutter。
- 页面样式：包括一些元素（如标题、段落、列表、代码块等）的重置样式，以及文字、表格、图片等全局样式。
- 组件：包含卡片、导航、警告框、弹出框等可重用的组件，以及以前版本中的 JavaScript 插件，例如模态框、下拉菜单、标签页、轮播等。
- 定制：包括在 Sass 文件中使用变量、映射、混入和函数来构建和定制项目；使用内置变量定制 Bootstrap 5，可以改变全局 CSS 首选项来控制样式和行为；使用 Bootstrap 5 的 CSS 自定义属性进行快速和具有前瞻性的设计与开发。
- 工具类：Bootstrap 5 定义了可设置颜色、边框、边距、阴影、位置、文字等样式的工具类；使用工具类可以降低设计 CSS 样式的工作量，使页面代码的可读性更强。

1.5 Bootstrap 5 的下载

Bootstrap 5 的文件和源码可以在 Bootstrap 官网下载。打开 Bootstrap 官网的首页，单击右上角的 "Download" 按钮，跳转到下载页面，如图 1-3 所示，可以下载 Bootstrap 5 的编译版文件或源码文件。

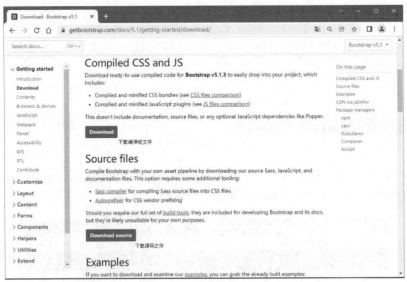

图 1-3　Bootstrap 5 的下载页面

1．下载编译版文件

单击下载页面中的 "Download" 按钮，可下载 Bootstrap 5 的编译版文件，该文件的名称是 bootstrap-5.1.3-dist.zip。编译版的 Bootstrap 5 文件包括 CSS 文件和 JavaScript 文件，其中包括压缩的文件和未压缩的文件。网站正式运行的时候，通常使用压缩的 MIN 文件，以节省传输流量；而开发调试网站的过程中多使用原始的、未压缩的文件，方便进行代码调试或样式跟踪。

2．下载源码文件

单击下载页面中的 "Download source" 按钮，可下载 Bootstrap 5 的源码文件。该文件的名称是

< 4 >

bootstrap-5.1.3.zip，包括用于编译 CSS 的 Sass 源码文件，以及各个插件的 JavaScript 源码文件、Bootstrap 5 文档。

　　本书示例使用的是 Bootstrap 5.1.3 编译版文件。

1.6　Bootstrap 5 的结构

Bootstrap 5 的结构

　　下载 Bootstrap 5 编译版文件后，在压缩包中可以查看其目录结构。下面对编译版文件和源码文件分别进行说明。

1.6.1　Bootstrap 5 编译版文件的目录结构

　　bootstrap-5.1.3-dist 文件夹包括 css 和 js 两个文件夹，图 1-4 和图 1-5 所示分别是 css 和 js 两个文件夹的内容，这些文件是编译后可以直接使用的 Bootstrap 文件。

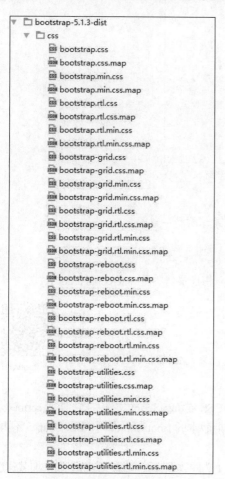

图 1-4　css 文件夹的内容

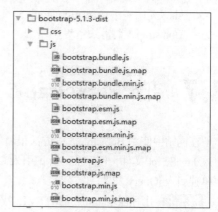

图 1-5　js 文件夹的内容

　　两个文件夹中包括编译的 CSS 和 JavaScript 文件（bootstrap.*）、编译并压缩的 CSS 和 JavaScript 文件（bootstrap.min.*）。两个文件夹中的 source maps 文件（bootstrap.*.map）主要用于定制开发，可与一些浏览器的开发者工具协同使用。bootstrap.bundle.js 和 bootstrap.bundle.min.js 是打包的 JavaScript 文件。

< 5 >

1.6.2　Bootstrap 5 源码文件的目录结构

Bootstrap 5.1.3 源码文件中包含预编译的 CSS 和 JavaScript 文件，以及 Sass 文件、JavaScript 示例和文档，其目录结构如图 1-6 所示。

图 1-6　源码文件的目录结构

目录主要内容的说明如下。

- dist 文件夹中是预编译的文件，与编译版文件的目录结构是一致的。
- scss 文件夹中是 CSS 源码文件。
- js 文件夹中是 JavaScript 源码文件。
- site 文件夹中包括 Bootstrap 5 文档的源码文件，其目录结构是 site/content/docs，其中包括 Bootstrap 5 的用法示例。

1.7　引入 Bootstrap 5

引入 Bootstrap 5

在网站中使用 Bootstrap 5 的方法很简单。与引入其他 CSS 或 JavaScript 文件一样，使用 script 标记引入 JavaScript 文件，使用 link 标记引入 CSS 文件。与早期版本的 Bootstrap 不同，Bootstrap 5 不再需要单独引入 jQuery 文件。

例 1-1　引用 Bootstrap 5 的 HTML 文件，将 JavaScript 文件放在文档尾部，有助于加快加载速度，代码如下。

```
<!DOCTYPE html>
<html>
<head>
    <meta charset="UTF-8">
```

< 6 >

```
    <meta name="viewport" content="width=device-width,initial-scale=1">
    <link rel="stylesheet" href="../bootstrap-5.1.3-dist/css/bootstrap.css"/>
</head>
<body>
...
<script src="../bootstrap-5.1.3-dist/js/bootstrap.bundle.js"></script>
</body>
</html>
```

引用 Bootstrap 5 可以使用第三方的 CDN 服务，也可以使用 Staticfile CDN 的库。本书使用的是第一种方法。

例 1-2 使用第三方的 CDN 服务引用 Bootstrap 5 框架，代码如下。

```
<!DOCTYPE html>
<html>
<head lang="en">
    <meta charset="UTF-8">
    <meta name="viewport" content="width=device-width, user-scalable=no, initial-scale=1.0"/>
        <link rel="stylesheet" href="https://cdn.staticfile.org/twitter-bootstrap/5.1.1/css/bootstrap.min.css">
    <title></title>
</head>
<body>
...
<script src="https://cdn.staticfile.org/twitter-bootstrap/5.1.1/js/bootstrap.bundle.min.js"></script>
</body>
</html>
```

1.8 开发工具

当前流行的 Web 前端开发工具包括 Visual Studio Code（简称 VS Code）、WebStorm、IntelliJ IDEA、Sublime Text 等。其中，VS Code 具有轻量、开源、可扩展的特点，WebStorm 是功能强大、收费、开箱即用的集成开发环境（IDE）。

1.8.1　VS Code

VS Code 是微软开发的代码编辑器，不仅应用于 HTML、CSS、JavaScript 等 Web 前端开发，还可以通过扩展支持 Python、C++、Java 等其他程序语言。VS Code 的更新迭代速度快，面向不同应用需要配置不同的插件。

1. 下载和安装

可以从 Visual Studio Code 官网下载 VS Code，根据操作系统选择相应版本，如 Windows 版本、Linux 版本或 macOS 版本。在编写本书期间 VS Code 的新版本是 1.68.1，安装文件名是 VSCodeUserSetup-x64-1.68.1.exe，下载后双击安装文件即可安装 VS Code。

2. 配置 VS Code 环境

VS Code 是轻量级代码编辑器，一些功能需要安装插件才能实现。随着 VS Code 的日益完善，新

< 7 >

版本已经内置了很多早期版本需要安装插件才能实现的功能，如 HTML Snippets 插件用于快速插入 HTML 代码块的功能，Path Intellisense 插件和 Path Autocomplete 插件用于实现路径补齐的功能。

下面列出了 VS Code 在 Web 前端开发中比较常用的包和插件。

- Chinese Language Pack：中文语言包，为 VS Code 提供中文界面。
- Live Server 插件：用于快速启动本地服务器，以及在浏览器中打开 Web 页面，下载网址是 http://127.0.0.1:5500/。
- CSS Peek 插件：用于在 HTML 和 CSS 文件中定位 class 和 id 样式。
- JavaScript code snippets 插件：用于快速插入 JavaScript 代码。
- JS-CSS-HTML Formatter 插件：用于格式化 JavaScript、CSS、HTML、JSON 文件。

图 1-7 所示为 JS-CSS-HTML Formatter 插件的安装过程。

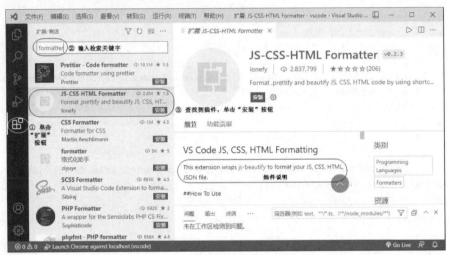

图 1-7　在 VS Code 中安装 JS-CSS-HTML Formatter 插件

3．创建文件

VS Code 作为轻量级代码编辑器，默认通过打开文件夹来打开对应的项目，并在窗口中显示最近打开过的文件，便于编辑和修改。图 1-8 所示是 VS Code 启动界面，使用 VS Code 创建或打开文件的过程如下。

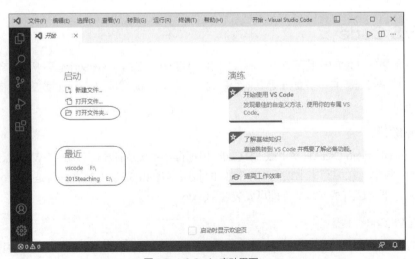

图 1-8　VS Code 启动界面

< 8 >

① 在"开始"选项卡中单击"打开文件夹"按钮或选择最近打开过的文件。

② 单击"新建文件"或"打开文件"按钮，创建或打开要操作的文件。

上面的操作也可以通过"文件"菜单中的命令来实现。

1.8.2　WebStorm

WebStorm 广泛应用于 HTML、CSS、JavaScript、Less、Sass 等语言开发，是专业的集成开发环境。

1. 下载和安装

可以到 jetbrains 的官网下载 WebStorm，根据操作系统选择相应版本，如 Windows 版本、Linux 版本或 OS X 版本。安装的 WebStorm 默认有 30 天的试用期，之后需要注册、付费才能使用。

本书使用的版本是 WebStorm2019.2.3，各版本在基本功能上的差别不大，WebStorm2019.2.3 的安装文件是 WebStorm-2019.2.3.exe，下载后双击安装文件即可安装。

2. 创建项目和文件

使用 WebStorm 开发 Web 应用的步骤如下。

① 通过"File"菜单创建项目，默认的项目类型是"空项目"，可以根据需求选择创建的项目类型。

② 通过"File"菜单创建文件，可创建 HTML 文件、CSS 文件或 JavaScript 文件等。图 1-9 所示是创建项目和文件的编辑窗口。

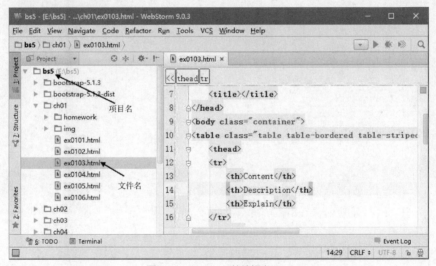

图 1-9　WebStorm 的编辑窗口

1.9　使用 Bootstrap 5 创建网页

使用 Bootstrap 5 可以快速地创建网页。在学习 Bootstrap 5 的页面元素、工具类、组件等内容之前，可利用 Bootstrap 5 中文网中的文档和示例来创建网页。

1. 在页面中使用基本样式

为 table 标记添加.table 类可以为其添加基本样式，如少量的内间距（padding）和水平分隔线。使用.table-bordered 类可为表格和其中的单元格增加边框，使

在页面中使用
基本样式

< 9 >

用.table-striped 类可以给 tbody 标记内的行增加斑马条纹样式。设计表格样式时，直接使用 Bootstrap 5 中的表格类即可。

例 1-3 使用常用的表格类创建网页，效果如图 1-10 所示，代码如下。其他的样式类可以参考文档进行学习与使用。

```
<!DOCTYPE html>
<html>
<head lang="en">
    <meta charset="UTF-8">
    <meta name="viewport" content="width=device-width,initial-scale=1.0"/>
    <link rel="stylesheet" href="../bootstrap-5.1.3-dist/css/bootstrap.css"/>
    <title></title>
</head>
<body class="container">
<table class="table table-bordered table-striped table-hover">
    <thead>
    <tr>
        <th>Content</th>
        <th>Description</th>
        <th>Explain</th>
    </tr>
    </thead>
    <tbody>
    <tr>
        <td>Form</td>
        <td>表单定义</td>
        <td>用于提交数据</td>
    </tr>
    <tr>
        <td>Less</td>
        <td></td>
        <td>CSS 预处理语言</td>
    </tr>
    <tr>
        <td>Sass</td>
        <td>Sass 基于 ruby</td>
        <td>CSS 预处理语言</td>
    </tr>
    </tbody>
</table>
</body>
</html>
```

图 1-10　使用表格类创建的网页效果

< 10 >

2．在页面中使用 Breadcrumbs 组件

路径导航组件（Breadcrumbs）用于在一个有层次的导航结构中标明当前页面的位置。路径导航组件使用.breadcrumb 类和.breadcrumb-item 类创建．.breadcrumb-item 类用于创建路径分隔符，它是通过 CSS3 的伪元素选择器::before 和 content 属性添加的，在 bootstrap.css 文件中可以查看相应的 CSS 代码。

例1-4　实现路径导航，效果如图 1-11 所示，代码如下。

```html
<body>
<div class="container">
    <ol class="breadcrumb">
        <li class="breadcrumb-item"><a href="#">Home</a></li>
        <li class="breadcrumb-item"><a href="#">Library</a></li>
        <li class="breadcrumb-item active">Data</li>
    </ol>
</div>
</body>
```

图 1-11　路径导航的效果

3．基于 Bootstrap 5 文档示例创建网页

Bootstrap 5 文档中有大量的示例。下面的示例中使用 Navbar 组件实现页面的导航，使用 Card 组件描述页面头部的内容，使用栅格系统完成内容布局，还应用了基础样式中的图片元素。

基于 Bootstrap 5
文档示例创建网页

例1-5　应用 Bootstrap 5 的 CSS 组件和基础样式等创建网页，效果如图 1-12 所示，代码如下。

图 1-12　网页在中型设备上的显示效果

< 11 >

```
<!DOCTYPE html>
<html>
<head lang="en">
    <meta charset="UTF-8">
    <meta name="viewport" content="width=device-width,initial-scale=1.0"/>
    <link rel="stylesheet" href="../bootstrap-5.1.3-dist/css/bootstrap.css"/>
    <script src="../bootstrap-5.1.3-dist/js/bootstrap.bundle.js"></script>
    <title></title>
</head>
<body>
<nav class="navbar navbar-expand-lg navbar-light bg-light">
    <div class="container">
        <a class="navbar-brand" href="#">用户登录</a>
        <button class="navbar-toggler" type="button" data-bs-toggle="collapse"
        data-bs-target="#navbarSupportedContent" aria-controls="navbarSupported
        Content" aria-expanded="false" aria-label="Toggle navigation">
            <span class="navbar-toggler-icon"></span>
        </button>
        <div class="collapse navbar-collapse" id="navbarSupportedContent">
            <ul class="navbar-nav me-auto mb-2 mb-lg-0">
                <li class="nav-item">
                    <a class="nav-link active" aria-current="page" href="#">酒店</a>
                </li>
                <li class="nav-item">
                    <a class="nav-link active" aria-current="page" href="#">机票</a>
                </li>
                <li class="nav-item">
                    <a class="nav-link active" aria-current="page" href="#">景点</a>
                </li>
            </ul>
            <form class="d-flex">
                <input class="form-control me-2" type="email" placeholder="Email"
                aria-label="Email">
                <input class="form-control me-2" type="password" placeholder=
                "Password" aria-label="Password">
                <button class="btn btn-sm btn-outline-success text-nowrap" type=
                "submit">登录</button>
            </form>
        </div>
    </div>
</nav>
<div class="container my-2">
    <div class="card bg-light px-1">
        <img alt="" src="img/banner1.jpg" class="img-responsive mw-100"/>
        <h2 class="my-3">欢迎您到大连来</h2>
        <p>大连是中国著名的避暑胜地和旅游热点城市，依山傍海，气候宜人……</p>
        <p><a class="btn btn-primary" role="button">更多 &raquo;</a></p>
    </div>
</div>
<div class="container">
    <div class="row">
        <div class="col-md">
            <h3>金石滩</h3>
```

< 12 >

```
            <p>金石滩度假区位于辽东半岛黄海之滨，距大连市中心 50 公里。这里由东西两个半岛和中间
            的众多景点组成……</p>
            <p><a class="btn btn-outline-success btn-sm" role="button">详情 &raquo;
            </a></p>
        </div>
        <div class="col-md">
            <h3>圣亚海洋世界</h3>
            <p>大连圣亚海洋世界位于大连市星海广场西侧，由圣亚海洋世界、圣亚极地世界、圣亚深海
            传奇等组成……</p>
            <p ><a class="btn btn-outline-success btn-sm" role="button">详情 &raquo;
            </a></p>
        </div>
        <div class="col-md">
            <h3>老虎滩</h3>
            <p>老虎滩位于大连南部海滨的中部，与滨海西路相邻，占地面积为 118 万平方米，是首批被
            评为 AAAAA 级景区……</p>
            <p><a class="btn btn-outline-success btn-sm" role="button">详情 &raquo;
            </a></p>
        </div>
    </div>
    <hr/>
    <footer>
        <p class="text-center text-secondary fs-5">&copy;版权所有 2021</p>
    </footer>
</div>
</body>
</html>
```

例 1-5 的设计过程如下。

① 在 WebStorm 中新建页面 ex0105.html，在 head 部分引入 Bootstrap 5 框架，代码如下。

```
<link rel="stylesheet" href="../bootstrap-5.1.3-dist/css/bootstrap.css"/>
<script src="../bootstrap-5.1.3-dist/js/bootstrap.bundle.js"></script>>
```

② 插入导航条组件。进入 Bootstrap 5 中文网的/docs/components/navbar/页面，将其中的导航条示例的代码复制到创建的 Web 页面中并修改。在修改过程中，需要查看导航条组件中不同的类和属性的设置。

修改调试后，完成页面的导航条的设计。

③ 在卡片组件中插入图片和文字。进入 Bootstrap 5 中文网的/docs/components/card/页面，将其中的卡片示例的代码复制到创建的 Web 页面中，修改标题、内容和按钮，代码如下。

```
<div class="container my-2">
    <div class="card bg-light px-1">
        <img alt="" src="img/banner1.jpg" class="img-responsive mw-100"/>
        <h2 class="my-3">欢迎您到大连来</h2>
        <p>大连是中国著名的避暑胜地和旅游热点城市，依山傍海，气候宜人……</p>
        <p><a class="btn btn-primary" role="button">更多 &raquo;</a></p>
    </div>
</div>
```

在卡片组件的外层插入 div.container 是为了保证页面两侧保留适当的间距，.container 类是 Bootstrap 5 中用于布局的类。

④ 修改步骤③中设计的图片样式。参考 Bootstrap 5 中文网的/docs/content/images/页面，找到其中

< 13 >

的图片元素下面的响应式图片（Responsive images）选项，复制相应代码到创建的 Web 页面中。工具类.mw-100 的作用是保证图片不超过容器的范围。

⑤ 插入页面的主体内容。进入 Bootstrap 5 中文网的/docs/layout/grid/#stacked-to-horizontal 页面，找到栅格系统下面的样例代码，复制其中的 3 列代码到创建的 Web 页面中并修改。初始代码如下，修改后的代码参见示例。

```
<div class="row">
  <div class="col-sm">col-sm</div>
  <div class="col-sm">col-sm</div>
  <div class="col-sm">col-sm</div>
</div>>
```

⑥ 插入页脚，使用工具类设计其样式，工具类的内容将在第 3 章介绍。

完成后的页面在缩小的浏览器窗口中的显示效果如图 1-13 所示，其中导航、图片和内容都实现了响应式布局。

图 1-13　页面在缩小的浏览器窗口中的显示效果

习题

1. 简答题

（1）说明 Bootstrap 5 的特点。

< 14 >

（2）下载 Bootstrap 5 的安装文件时，编译版文件和源码文件有什么不同？

（3）例 1-4 在引用 Bootstrap 5 的代码时未使用下面的代码，为什么？

```
<script src="../bootstrap-5.1.3-dist/js/bootstrap.bundle.js"></script>
```

（4）Bootstrap 5 主要包含哪些内容？

（5）查阅 Bootstrap 文档，比较 Bootstrap 3 和 Bootstrap 5 在图片元素、栅格布局上的异同。

2．操作题

（1）查询 Bootstrap 5 文档中导航组件的代码，实现图 1-14 所示的导航菜单。

图 1-14　导航菜单的效果

（2）在 Bootstrap 5 在线文档中，进入/docs/content/images/页面和/docs/utilities/borders/#border-radius 页面，查找基本样式中的图片元素和边框工具类代码，实现图 1-15 所示的显示效果。

图 1-15　网页的显示效果

< 15 >

第 2 章　Bootstrap 5 的基础样式

Bootstrap 5 是一个包含全局样式、布局、组件、工具类等内容的 CSS 框架。全局样式包括文字版式及图片、表格等的样式。Bootstrap 5 重新定义了这些样式，并利用可扩展类来增强它们的显示效果。这些样式被称为 Bootstrap 5 的基础样式。

本章学习 Bootstrap 5 的基础样式，主要包括以下内容。

- 文字版式。
- 图片。
- 表格。
- 轮廓。

2.1　文字版式

Bootstrap 5 的文字版式包括标题、缩略语、引用、列表等元素的样式，这是 Bootstrap 样式设计的基础。

2.1.1　样式

为了能在不同的浏览器中有一致的表现，Bootstrap 5 对一些元素的默认样式进行了重置。

body 元素的默认样式删除了外边框，并将文字大小设置为 1rem。需要说明的是，rem 的全称为 root em。rem 是 CSS3 的一个相对单位，它根据 HTML 根元素的文字大小进行计算，可以很方便地进行缩放，以适应响应式布局。通常浏览器默认的 1rem 等于 16 像素（px）。em 是相对单位，它是指相对于当前元素内文字大小，继承父元素的文字大小。

Bootstrap 5 为所有元素设置全局性的 box-sizing 属性，其值为 border-box。这样，在设计页面布局时，padding 和 border 的值就不会影响元素的宽和高，盒模型会自动根据 padding 和 border 的值来调整 content 的值。

在 Bootstrap 5 中，还删除了标题、段落、列表的 margin-top 值，将标题的 margin-bottom 值重置为 0.5rem，将段落和列表的 margin-bottom 值重置为 1rem。此外，Bootstrap 5 还重置了表格、表单元素的默认值。

2.1.2　标题

Bootstrap 5 重新定义了标题 h1～h6 的样式，移除了标题的上外边距 margin-top 的定义，为标题添加了 margin-bottom:0.5rem 的下外边距的定义。

Bootstrap 5 还提供了.h1～.h6 的标题类，使用这些标题类可以为内联（inline）属性的文本添加标题样式。在 Bootstrap 5 中，标题的定义代码如下。

```
h6, .h6, h5, .h5, h4, .h4, h3, .h3, h2, .h2, h1, .h1 {
  margin-top: 0;
  margin-bottom: 0.5rem;
  font-weight: 500;
  line-height: 1.2;
}
```

标题 h1～h6 的 font-size 属性值根据视口（可以理解为浏览器窗口）大小而定。当视口宽度大于或等于 1200px 时，h1～h6 的文字大小分别是 2.5rem、2rem、1.75rem、1.5rem、1.25rem、1rem；当视口宽度小于 1200px 时，标题的 font-size 属性的值通过 calc() 函数计算得到。

例 2-1　应用标题标记和标题类创建页面，效果如图 2-1 所示，代码如下。

```
<body>
<h1> heading1 测试</h1>
<h2> heading2 测试</h2>
<h3> heading3 测试</h3>
<div class="h4">heading4 测试</div>
<div class="h5">heading5 测试</div>
<div class="h6">heading6测试</div>
<hr>
<!--在内联样式中应用标题类属性-->
<span class="h1">heading1 </span>
<span class="h2">heading2 </span>
<a class="h3" href="#">heading3 </a>
</body>
```

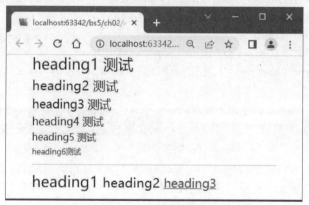

图 2-1　应用标题标记和标题类创建的页面效果

当标题需要突出显示时，可以使用.display 系列类，这些类中设置了更大的 font-size 属性值。Bootstrap 5 中提供了 6 个.display 类，分别是.display-1～.display-6。当视口宽度大于或等于 1200px 时，font-szie 属性值分别是 5rem、4.5rem、4rem、3.5rem、3rem、2.5rem。

例 2-2　使用.display 类设计标题，效果如图 2-2 所示，代码如下。

```
<body class="container">
<h2 class="display-1"> display-1 测试</h2>
<h2 class="display-2"> display-2 测试</h2>
<h2 class="display-3"> display-3 测试</h2>
<hr>
<p class="display-4"> display-4 测试</p>
<p class="display-5"> display-5 测试</p>
```

< 17 >

```
<p class="display-6"> display-6 测试</p>
</body>
```

图 2-2　应用.display 类设计的标题效果

例 2-2 中使用了段落标记 p。Bootstrap 5 将段落标记 p 的上外边距重置为 0rem、下外边距重置为 1rem，具体的定义代码如下。

```
p {
  margin-top: 0;
  margin-bottom: 1rem;
}
```

如果要实现强调文本的效果，可以使用代码 class="lead"，这将使文字更大、更粗，行高更大。

例 2-3　用.lead 类实现强调文本的效果，如图 2-3 所示，代码如下。

```
<body class="container">
<p>为了给段落添加强调文本，则可以添加 <span class="lead">class="lead"</span>代码，这将
得到 <span class="lead">更大、更粗、行高更大</span>的文本。</p>
</body>
```

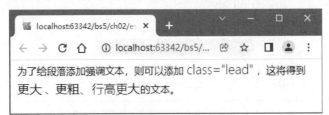

图 2-3　应用.lead 类实现强调文本的效果

本书多数示例给出的是 body 标记中的代码，在网页中引入 Bootstrap 5 的代码在第 1 章中已经介绍过，具体如下，后面的示例中不再对 Bootstrap 5 的引入进行说明。

```
<!DOCTYPE html>
<html>
<head>
    <meta charset="UTF-8">
    <meta name="viewport" content="width=device-width,initial-scale=1">
    <link href="../bootstrap-5.1.3-dist/css/bootstrap.css" rel="stylesheet">
</head>
<body>
<!--以下页面代码-->
...
```

< 18 >

```
<script src="../bootstrap-5.1.3-dist/js/bootstrap.bundle.js"></script>
</body>
</html>
```

2.1.3　内联文本元素

Bootstrap 5 重新定义了一些内联文本元素（inline text elements）的样式，这些元素包括 strong、mark、small 等，优化了加粗、强调、斜体等样式。其中，mark 标记用于突出显示文本，strong 标记用于加粗文本，small 标记用于显示略小的文本。

在 HTML5 中，em 标记用于设置文本为斜体；del 标记用于删除文本；b 标记用于高亮显示单词或短语，不带有任何着重的意味；i 标记主要用于发言、技术词汇等。

例2-4　部分内联文本元素的应用效果如图 2-4 所示，代码如下。

```
<body class="container">
<p>mark 标记用于<mark>突出</mark>显示文本。</p>
<p>del 标记用于<del>删除</del>文本。.</p>
<p>strong 标记用于<strong>加粗</strong>文本。</p>
<p>em 标记用于设置<em>斜体以强调</em>文本。</p>
<hr/>
<h1> 标题 1 <small>small 次级标题</small></h1>
<h2> 标题 2 <small>small 次级标题</small></h2>
<h3> 标题 3 <span class="small">small 次级标题</span></h3>
</body>
```

图 2-4　部分内联文本元素的应用效果

在例 2-4 中，使用 small 标记和 .small 类实现了副标题的效果。

从图 2-4 中可以看出，small 标记中的副标题比同级标题的颜色更淡、字号更小。在 Bootstrap 5 中，small 标记和 .small 类的定义代码如下。

```
small, .small {
  font-size: 0.875em;
}
```

2.1.4　缩略语

Bootstrap 5 实现了缩略语的增强样式，用 abbr 标记实现，当鼠标指针悬停在缩略语上时就显示对

< 19 >

应的完整内容。abbr 标记有 title 属性，外观为浅色的虚线框，当鼠标指针移到上面时，鼠标指针会变成带有问号的形状。

例 2-5 缩略语样式的应用，效果如图 2-5 所示，代码如下。

```
<body class="container">
<abbr title="Cascading Style Sheets">CSS</abbr><br>
<abbr title="American National Standards Institute" class="initialism">ANSI</abbr>
</body>
```

图 2-5 缩略语样式的应用效果

在例 2-5 中，为了让提示信息的文字更小，在 abbr 标记中使用了代码 class="initialism"。.initialism 类的定义代码如下。

```
.initialism {
  font-size: 0.875em;
  text-transform: uppercase;
}
```

2.1.5 引用

一些网页需要引用文献资源，Bootstrap 5 使用 blockquote 标记为引用实现了增强样式，使用 cite 标记表示引用内容的来源。Bootstrap 5 的.blockquote-footer 类用于设计引用来源的格式。

例 2-6 blockquote 标记的应用效果如图 2-6 所示，代码如下。

```
<body class="container">
<blockquote>
    <p>计算不再只和计算机有关，它决定我们的生存。</p>
    <footer>尼葛洛庞帝 <cite>《数字化生存》</cite></footer>
</blockquote>
<hr/>
<blockquote>
    <p>计算不再只和计算机有关，它决定我们的生存。</p>
    <footer class="blockquote-footer text-end">尼葛洛庞帝<cite>《数字化生存》</cite>
    </footer>
</blockquote>
</body>
```

图 2-6 blockquote 标记的应用效果

< 20 >

图 2-6 所示的是同一个引用的对比效果。.blockquote 类和.blockquote-footer 类在 Bootstrap 5 中的定义代码如下。

```
.blockquote {
  margin-bottom: 1rem;
  font-size: 1.25rem;
}
.blockquote-footer {
  margin-top: -1rem;
  margin-bottom: 1rem;
  font-size: 0.875em;
  color: #6c757d;
}
.blockquote-footer::before {
  content: "— ";
}
```

Bootstrap 5 为地址（addresses）设置了增强样式。address 标记用于在网页上显示联系信息，其定义代码如下。在 address 标记中需要使用 br 标记为封闭的地址文本换行。

```
address {
  margin-bottom: 1rem;
  font-style: normal;
  line-height: inherit;
}
```

下面的代码应用了 address 标记。

```
<address>
    <strong>Email:</strong><br>
    <a href="mailto:#">admin1@sida.com</a>
</address>
```

2.1.6　列表

Bootstrap 5 为列表实现了增强样式，主要包括无序列表和有序列表。列表标记的使用方式和 HTML5 中的是一样的。Bootstrap 5 使用.list-unstyled 类删除列表的自定义样式，使用.list-inline 类实现内联列表。

例 2-7 具有不同样式的列表效果如图 2-7 所示，代码如下。

```
<body class="container">
<h4>无序列表</h4>
<ul>
    <li>HTML 5</li>
    <li>CSS 3</li>
    <li>JavaScript</li>
    <li>Bootstrap</li>
</ul>
<h4>使用.list-unstyled 类的无符号列表</h4>
<ul class="list-unstyled">
    <li>HTML 5</li>
    <li>CSS 3</li>
    <li>JavaScript</li>
    <li>Bootstrap</li>
</ul>
<h4>使用.list-inline 类的内联列表</h4>
<ol class="list-inline">
```

< 21 >

```
        <li class="list-inline-item">http://www.bootcss.com/</li>
        <li class="list-inline-item">https://getbootstrap.com/</li>
</ol>
</body>
```

从图 2-7 中可以看出，代码 class="list-inline"用于将所有列表项置于同一行，同时，.list-inline 类需要和.list-inline-item 类结合使用。

图 2-7　具有不同样式的列表

使用 dl、dt、dd 标记，配合 Bootstrap 栅格系统中的.row 类、.col 系列类可以创建自定义列表。栅格系统将在后文介绍。

例 2-8 创建自定义列表，效果如图 2-8 所示，代码如下。

```
<body class="container">
<h4>自定义列表</h4>
<dl class="row">
    <dt class="col-sm-3">超大型设备</dt>
    <dd class="col-sm-9">最大的 container 宽度是 1320px</dd>
    <dt class="col-sm-3">特大型设备</dt>
    <dd class="col-sm-9">最大的 container 宽度是 1140px</dd>
    <dt class="col-sm-3">大型设备</dt>
    <dd class="col-sm-9">最大的 container 宽度是 960px</dd>
    <dt class="col-sm-3">中型设备</dt>
    <dd class="col-sm-9">最大的 container 宽度是 720px</dd>
    <dt class="col-sm-3">小型设备</dt>
    <dd class="col-sm-9">最大的 container 宽度是 540px</dd>
    <dt class="col-sm-3">超小型设备</dt>
    <dd class="col-sm-9">container 宽度是自动设置的</dd>
</dl>
</body>
```

< 22 >

图 2-8　自定义列表的效果

当视口宽度小于 576px 时，自定义列表将从上到下堆叠显示。

设计图片样式

2.2　图片

在 Bootstrap 5 中，使用.img-fluid 类，可以让图片支持响应式布局；使用.img-thumbnail 类，可以设置图片的内边距和灰色的边框。这两个类的定义代码如下。

```
.img-fluid {
  max-width: 100%;
  height: auto;
}
.img-thumbnail {
  padding: 0.25rem;
  background-color: #fff;
  border: 1px solid #dee2e6;
  border-radius: 0.25rem;
  max-width: 100%;
  height: auto;
}
```

要让图片呈现不同的形状，可以使用.rounded、.rounded-circle、.rounded-pill 等工具类。需要特别指出，在 Bootstrap 5 中已经不再支持 Bootstrap 3 中的.img-rounded 类、.img-circle 类，相应功能均使用.rounded 系列工具类实现；Bootstrap 3 中的.img-responsive 类被.img-fluid 类替代。

例 2-9　为图片添加不同样式，效果如图 2-9 所示，代码如下。

```
<body class="container">
<h4>响应式图片</h4>
<div class="text-center m-2">
    <img src="img/banner4.jpg" class="img-fluid">
</div>
<h4>缩略图和图片形状</h4>
<div class="text-center m-2">
    <img src="img/te3.jpg" class="rounded-pill">
    <img src="img/te3.jpg" class="img-thumbnail">
    <img src="img/te3.jpg" class="rounded">
</div>
</body>
```

< 23 >

图 2-9　不同样式的图片效果

本节示例中使用的.text-center、.m-2、.rounded、.rounded-pill 等类均为工具类，将在下一章中详细介绍。

2.3 表格

设计表格样式

Bootstrap 5 优化了表格的样式，可通过表格类增强表格的显示效果，这些表格类包括.table、.table-striped、.table-bordered、.table-hover、.table-responsive 等，部分表格类的功能描述如下。

- .table 类：用于为表格添加基本样式（横向分隔线）。
- .table-striped 类：用于在 tbody 元素内添加斑马线样式的条纹。
- .table-bordered 类：用于为表格的单元格添加边框。
- .table-borderless 类：用于使表格无外部边框。
- .table-hover 类：用于在 tbody 元素内的任一行使鼠标指针呈悬停状态。
- .table-sm 类：用于将单元格填充减半，使表格更加紧凑。
- .table-responsive 类：用于实现响应式表格，当视口宽度小于 992px 时会创建水平滚动条。

例 2-10　部分表格元素和表格类的应用效果如图 2-10 所示，代码如下。

```
<body>
<div class="container">
    <table class="table table-bordered table-striped table-hover">
        <thead>
        <tr>
            <th>Tags & Class</th>
            <th>Function</th>
            <th>Description</th>
        </tr>
        </thead>
        <tbody>
        <tr>
            <td>table</td>
            <td>表格标记</td>
            <td>用于定义表格</td>
        </tr>
        <tr>
```

< 24 >

```
                <td>thead</td>
                <td>表头组合标记</td>
                <td></td>
        </tr>
        <tr>
                <td>th</td>
                <td>表头标记</td>
                <td></td>
        </tr>
        <tr>
                <td>tr、td</td>
                <td>行标记、列标记</td>
                <td></td>
        </tr>
        <tr>
                <td>.table-bordered</td>
                <td></td>
                <td>用于定义边框样式</td>
        </tr>
        <tr>
                <td>.table-striped</td>
                <td></td>
                <td>用于添加斑马线样式的条纹</td>
        </tr>
        <tr>
                <td>.table-hover</td>
                <td></td>
                <td>使鼠标指针呈悬停状态</td>
        </tr>
        </tbody>
    </table>
</div>
</body>
```

图 2-10　部分表格元素和表格类的应用效果

例 2-11　应用.table-borderless 类和.table-sm 类创建表格，效果如图 2-11 所示，代码如下。

```
<body class="container">
    <table class="table table-borderless table-sm table-hover">
        <thead>
```

< 25 >

```
            <tr>
                <th>Tags & Class</th>
                <th>Function</th>
                <th>Description</th>
            </tr>
        </thead>
        <tbody>
        <tr>
            <td>thead</td>
            <td>表头组合标记</td>
            <td></td>
        </tr>
        <tr>
            <td>th</td>
            <td>表头标记</td>
            <td></td>
        </tr>
        <tr>
            <td>tr、td</td>
            <td>行标记、列标记</td>
            <td></td>
        </tr>
        <tr>
            <td>.table-bordered</td>
            <td></td>
            <td>用于定义边框样式</td>
        </tr>
        <tr>
            <td>.table-striped</td>
            <td></td>
            <td>用于添加斑马线样式的条纹</td>
        </tr>
        <tr>
            <td>.table-hover</td>
            <td></td>
            <td>使鼠标指针呈悬停状态</td>
        </tr>
        </tbody>
    </table>
</body>
```

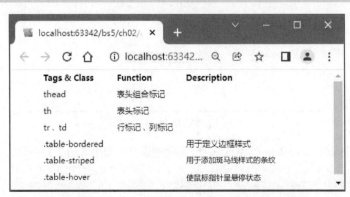

图 2-11　应用.table-borderless 类和.table-sm 类创建的表格效果

< 26 >

例 2-12 应用 .table-responsive 类创建响应式表格，效果如图 2-12 所示，代码如下。

```
<style>
    th {min-width: 100px;}
</style>
<body>
<div class="container table-responsive text-nowrap">
    <table class="table table-bordered ">
        <thead>
        <tr>
            <th>Tags & Class</th>
            <th>Function</th>
            <th>Description</th>
            <th>Reference</th>
        </tr>
        </thead>
        <tbody>
        <tr>
            <td>.table-striped</td>
            <td></td>
            <td>用于添加斑马线样式的条纹</td>
            <td></td>
        </tr>
        <tr>
            <td>.table-sm</td>
            <td></td>
            <td>将单元格填充减半，定义紧凑表格</td>
            <td></td>
        </tr>
        <tr>
            <td>.table-responsive</td>
            <td></td>
            <td>创建响应式表格，能水平滚动</td>
            <td></td>
        </tr>
        </tbody>
    </table>
</div>
</body>
</html>
```

图 2-12　应用 .table-responsive 类创建的响应式表格效果

　　需要注意的是，使用 .table-responsive 类创建响应式表格时，这个类需要应用在 table 的父元素上，例 2-12 中该类应用于外层的 div 元素上。为了更好地呈现响应式效果，上述代码中使用了 th 元素的

< 27 >

min-width 属性，还为表格文档应用了.text-nowrap 类。

Bootstrap 5 允许使用.bg-success、.bg-warning、.bg-danger、.bg-info、.bg-active 等工具类为表格或单元格添加背景色。

2.4 轮廓

Bootstrap 5 使用轮廓标记来显示关联的图片和文本。例如，要显示带有标题的图片，可以使用 figure 标记。使用.figure 类、.figure-img 类和.figure-caption 类可为 HTML5 的 figure 和 figcaption 元素提供一些基本样式。这些标记和类的定义代码如下，主要包括外边距、行内块元素、字号和颜色等属性。

```css
figure {
  margin: 0 0 1rem;
}
.figure {
  display: inline-block;
}
.figure-img {
  margin-bottom: 0.5rem;
  line-height: 1;
}
.figure-caption {
  font-size: 0.875em;
  color: #6c757d;
}
```

需要注意的是，如果没有明确设置 figure 标记内的图片的尺寸的话，需要为 img 标记使用.img-fluid 类，以便支持响应式布局。

例 2-13 应用轮廓标记，效果如图 2-13 所示，代码如下。

```html
<body class="container">
<figure class="figure">
    <img src="img/banner4.jpg" class="figure-img img-fluid rounded mt-2">
    <figcaption class="figure-caption text-center">A caption for the image
    </figcaption>
</figure>
</body>
```

图 2-13　应用轮廓标记的效果

为了实现较好的显示效果，以上代码使用了.rounded、.mt-2、.text-center 工具类，分别用于设置圆角、上外边距和文本居中效果。

< 28 >

习题

1. 简答题

（1）在 Bootstrap 5 的 CSS 基础样式中，内联文本元素有哪些？请通过示例说明。

（2）在 Bootstrap 5 在线文档中查看.container 类的定义代码并说明各个属性的含义。

（3）在 Bootstrap 5 中控制列表样式主要使用哪些类？

（4）在 Bootstrap 5 中控制表格样式主要使用哪些类？在 Bootstrap 5 在线文档中查看这些类的定义代码。

（5）Bootstrap 5 为 img 元素添加了哪些类？这些类的功能是什么？

2. 操作题

（1）使用浮动布局或表格完成图 2-14 所示的页面。

图 2-14　参考页面的效果

（2）使用轮廓标记和栅格布局完成图 2-15 所示的页面，当鼠标指针悬停在图片上时，图片呈动态效果。栅格布局的代码如下。

```
<div class="container">
    <div class="row mb-3">
        <div class="col-6">
            <!--figure元素-->
        </div>
        <div class="col-6">
            <!--figure元素-->
        </div>
    </div>
</div>
```

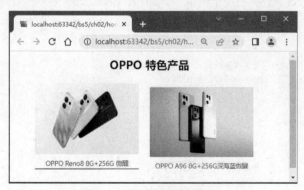

图 2-15　产品展示的图文页面

< 29 >

第 3 章   Bootstrap 5 的工具类

Bootstrap 5 提供了大量的通用样式类，这些类通常只定义一个样式，被称为工具类。前面涉及的.rounded 类、.text-center 类、.bg-success 类等都是工具类。工具类基于 Sass 工具产生，并且可以通过 Sass 来修改和扩展自身。使用工具类时，只要书写少量 CSS 样式代码就可以快速开发一些 Web 页面。

工具类主要用于设置颜色、边框、边距、文本、浮动等样式，本章主要包括以下内容。

- 认识工具类。
- 常用工具类的介绍。
- 工具类的应用。

3.1 认识工具类

认识工具类

3.1.1 工具类的引入

Bootstrap 5 预定义了大量的样式类、组件，引入框架文件后，按照约定的结构引用相应的组件，再辅助编写 CSS 样式代码，可以快速设计页面并实现响应式布局。

使用组件开发页面，会出现一些问题。一是同质化问题严重，只要使用了同类组件，页面就会呈现基本一致的外观；二是组件功能固定，扩展组件的功能或改变组件的显示效果比较困难，而且一些组件中的代码重复，冗余量大。也就是说，Bootstrap 5 的组件能使开发更为快捷，但如果项目发生变化，尤其是项目规模扩大之后，组件自身难以扩展的缺点就会暴露出来；此外，CSS 的管理和维护代价也大。因此需要一种更灵活的开发方式，于是就有了工具类的概念。

组件是封装好的可以重用的对象，包含定义好的若干属性或样式，用于快速构建页面。工具类体现了与组件不同的 CSS 样式设计理念，工具类是原子的，即一个工具类通常只用于定义一个简明的 CSS 属性，更便于使用。下面给出 Bootstrap 5 的一些工具类的定义代码。

```
.text-center {
  text-align: center !important;
}
.border-end {    /* border-right */
  border-right: 1px solid #dee2e6 !important;
}
.mb-1 {          /* margin-bottom */
  margin-bottom: 0.25rem !important;
}
.fs-5 {          /* font-size */
  font-size: 1.25rem !important;
}
```

从以上代码可以看出，每个类都有单一的功能定义，类名基本表示这个类的功能，这些类就是 Bootstrap 5 中预定义的工具类。可以根据需要在 Sass 中增加或修改工具类；Sass 将在后文中介绍。

工具类的功能单一，如果要实现复杂的功能，往往需要将工具类组合或封装，并添加 CSS 样式、引入 Vue.js 等前端框架。此外，并不是所有的应用场景都适合使用工具类。我们需要根据页面的结构特点来决定是使用 CSS 还是使用工具类定义样式，也可以通过封装工具类和 CSS 样式来重新构造应用部件。在本章的示例中，部分页面使用工具类，部分页面使用 CSS，请读者注意体会它们各自的优点，本质上二者是统一的。

3.1.2　工具类的命名

通常一个工具类只包含一个 CSS 属性，一个工具类只定义一种样式。例如，.d-flex 类的含义是 display:flex。工具类众多，有了合理的命名规则，使用工具类会更加容易。

1. 基本规则

常见的工具类的命名格式如下。

```
.{property}-{value}
```

其中，property 可以是属性或属性的缩写，value 的取值根据属性值来确定，可以是数值或具体的属性值。以 bootstrap.css 中的 margin-bottom（盒子的外下边距）属性为例，它的缩写是 mb，工具类的定义代码如下。

```
.mb-0 {
  margin-bottom: 0 !important;
}
.mb-1 {
  margin-bottom: 0.25rem !important;
}
.mb-2 {
  margin-bottom: 0.5rem !important;
}
.mb-3 {
  margin-bottom: 1rem !important;
}
.mb-4 {
  margin-bottom: 1.5rem !important;
}
.mb-5 {
  margin-bottom: 3rem !important;
}
```

从以上代码可以看出，上面的工具类将 margin-bottom 的属性值分为 6 级，最小的是.mb-0 类，其他类依次增大，最大的.mb-5 类对应的 margin-bottom 值是 3rem。

工具类中常用属性的缩写如表 3-1 所示。

表 3-1　工具类中常用属性的缩写

属性	缩写	属性	缩写
font-size	fs	padding-left	ps
font-weight	fw	padding-top	pt
font-style	fst	padding-right	pe
display	d	padding-bottom	pb
line-height	lh	margin	m

< 31 >

续表

属性	缩写	属性	缩写
background-color	bg	margin-left	ms
width	w	margin-top	mt
height	h	margin-right	me
padding	p	margin-bottom	mb

上面介绍的工具类名称采用属性缩写是一种情况，还有一些工具类名称不采用属性缩写，看起来更加直观，例如以下代码。

```
.border-1 {
  border-width: 1px !important;
}
.border-2 {
  border-width: 2px !important;
}
.text-start {
  text-align: left !important;
}
.text-end {
  text-align: right !important;
}
.text-center {
  text-align: center !important;
}
.text-decoration-none {
  text-decoration: none !important;
}
```

在实践过程中，更多的工具类名称及其含义需要借助 bootstrap.css 文件或帮助文档来学习。

2．响应式工具类

一些工具类支持响应式的页面布局，这种工具类称为响应式工具类。响应式工具类可为响应式页面开发带来很大的方便，其命名格式如下。

```
.{property}-{breakpoint}-{value}
```

其中，property 是属性或属性的缩写，value 的取值根据属性值来确定，这与前面介绍的相同。breakpoint 的含义是断点，断点的值可以是 xs、sm、md、lg、xl、xxl 等，对应不同大小的设备。这里不同大小的设备和不同大小的视口是同义的。

断点的概念将在第 5 章中介绍，目前只要知道 xs 对应超小设备，sm 对应小型设备，md 对应中型设备，lg、xl、xxl 分别对应大型设备、特大型设备、超大型设备就可以了。

显然，并不是所有的属性都有响应式工具类。常用的响应式工具类包括与 margin 和 padding 相关的属性设置的类、设置文本对齐属性的类、显示工具类等，例如.m-md-1、.m-lg-2、.pe-lg-3、.pe-md-2、.text-sm-start、.text-md-end 等。下面是应用了响应式工具类的一段代码。

```
<div class="container text-sm-start text-md-center text-lg-end" >
  The text should change.
</div>
```

这段代码设置了在不同设备中文本的对齐方式。如果是 sm 型设备，文本是左对齐的；如果是 md 型设备，文本是居中对齐的；如果是 lg 型设备，文本是右对齐的。从中可以看出，使用响应式工具类很直观地实现了文本对齐的响应式布局。

< 32 >

3.2　颜色工具类

颜色工具类

Bootstrap 5 定义了一套用于描述颜色的工具类，使用它们可以设置文本、背景、链接、边框的颜色。颜色工具类的命名格式分别是.text-{color}、.bg-{color}、.link-{color}、.border-{color}。

color 的取值可以是 primary、secondary、success、danger、info、warning、light 和 dark 等，下面仅对.text-{color}类、.bg-{color}类、.link-{color}类加以说明。

3.2.1　文本颜色和背景颜色

文本颜色用.text-{color}类设置，背景颜色用.bg-{color}类设置。

文本颜色类主要使用语义化的颜色名称表示，例如，.text-primary 类表示主色(蓝色)，.text-secondary 类表示次色（灰色），.text-success 类表示成功（浅绿色），.text-danger 类表示危险（浅红色），.text-info 类表示信息（浅蓝色），.text-warning 类表示警告（浅黄色），.text-light 类表示浅色（浅灰色），.text-dark 类表示深色（深灰色）等。

Bootstrap 5 中背景颜色的工具类有 .bg-primary、.bg-secondary、.bg-success、.bg-danger、.bg-info、.bg-warning、.bg-light、.bg-dark 等。

例 3-1 背景颜色为 bg-warning 时的文本效果如图 3-1 所示，代码如下。

```
<body class="container">
<h4 class="mb-4">背景颜色为 bg-warning 的文本效果</h4>
<div class="bg-warning text-primary mb-1">.text-primary——蓝色</div>
<div class="bg-warning text-secondary mb-1">.text-secondary——灰色</div>
<div class="bg-warning text-success mb-1">.text-success——浅绿色</div>
<div class="bg-warning text-danger mb-1 ">.text-danger——浅红色</div>
<div class="bg-warning text-info mb-1">.text-info——浅蓝色</div>
<div class="bg-warning text-light mb-1">.text-light——浅灰色</div>
<div class="bg-warning text-dark mb-1">.text-dark——深灰色</div>
<div class="bg-warning text-muted mb-1">.text-muted——灰色</div>
<div class="bg-warning text-white mb-1">.text-white——白色</div>
</body>
```

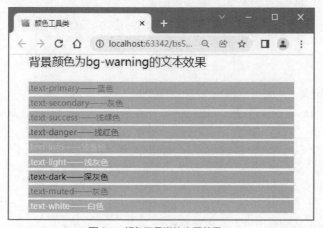

图 3-1　颜色工具类的应用效果

< 33 >

3.2.2　链接颜色

Bootstrap 5 还提供了链接颜色工具类，用.link-{color}表示，包括 .link-primary、.link-secondary、.link-success、.link-danger、.link-info、.link-warning、.link-dark、.link-light 等。链接颜色工具类提供了对应的悬浮（hover）、焦点（focus）样式。以.link-secondary 类为例，其在 Bootstrap 5 中的定义代码如下。

```css
.link-secondary {
  color: #6c757d;
}
.link-secondary:hover, .link-secondary:focus {
  color: #565e64;
}
```

例 3-2 当背景颜色为 bg-warning 时，设置不同颜色的链接，代码如下。

```html
<body class="container bg-warning">
<h4 class="mb-4">链接颜色</h4>
<p><a href="#" class="link-primary">.link-primary—蓝色链接</a></p>
<p><a href="#" class="link-secondary">.link-secondary—灰色链接</a></p>
<p><a href="#" class="link-success">.link-success—浅绿色链接</a></p>
<p><a href="#" class="link-danger">.link-danger—浅红色链接</a></p>
<p><a href="#" class="link-light">.link-light—浅灰色链接</a></p>
<p><a href="#" class="link-dark">.link-dark—深灰色链接</a></p>
<p><a href="#" class="link-muted">.text-muted—灰色链接</a></p>
</body>
```

页面效果如图 3-2 所示。当鼠标悬浮或单击时，链接的颜色发生改变。

图 3-2　链接颜色工具类的应用效果

Bootstrap 5 还预定义了控制按钮和警告框的颜色的类。

按钮颜色类包括 .btn-primary、.btn-secondary、.btn-success、.btn-danger、.btn-info 等。按钮颜色类提供了对应的悬浮、焦点样式。例如，.btn-primary 类在 bootstrap5.css 中的定义代码如下。

```css
.btn-primary {
  color: #fff;
  background-color: #0d6efd;
  border-color: #0d6efd;
}
```

Bootstrap 5 提供的控制警告框颜色的类包括.alert-primary、.alert-secondary、.alert-success 等。例

< 34 >

如，.alert-primary 类在 bootstrap5.css 中的定义代码如下。

```
.alert-primary {
  color: #084298;
  background-color: #cfe2ff;
  border-color: #b6d4fe;
}
```

从中可以看出，控制按钮颜色和警告框颜色的类包括文本颜色、背景颜色和边框颜色多个 CSS 属性，这些类不属于工具类，在这里仅做简要说明。

3.3 边框工具类

Bootstrap 5 提供了边框工具类，用于为元素的四周添加边框，或单独添加、删除某一侧的边框。边框工具类还可用于设计圆角边框的工具类。

3.3.1 添加和删除边框

.border 类可用于为元素添加边框。为某一侧添加边框可以使用.border-{side}类，side 的取值可以是 top、end、bottom、start，分别用于为元素添加上边框、右边框、下边框和左边框。

设置边框宽度使用.border-{value}类，value 的取值范围为 0～5。当 value 的取值为 0 时，表示删除边框，如果想要删除元素某一侧的边框，可以使用.border-{side}-0 类。

例 3-3 为 div 元素添加边框，代码如下。

```
<style>
   div{
       width: 100px;
       height: 100px;
       float: left;
       margin-left: 10px;
   }
</style>
<body class="container">
<h4 class="mb-4">.border 及相关类</h4>
<div class=".border border-1 border-dark bg-warning">border</div>
<div class=".border-top border-2 border-dark bg-warning">border-top</div>
<div class=".border-end border-3 border-dark bg-warning">border-right</div>
<div class=".border-bottom border-4 border-dark bg-warning">border-bottom</div>
<div class=".border-start border-5 border-dark bg-warning">border-left</div>
</body>
```

添加边框的效果如图 3-3 所示。在这个示例中，使用.border-{value}类定义边框的宽度，.border-start 类和.border-end 类分别表示左边框和右边框。设置边框颜色，使用.border-{color}类。

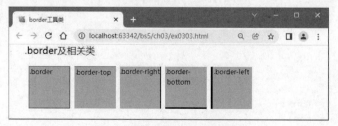

图 3-3　边框工具类的应用效果

< 35 >

例 3-4 ▶ 删除边框效果，代码如下。

```
<body class="container">
<h4 class="mb-4">.border-{side}-0 类</h4>
<div class="border border-0 border-dark bg-warning">border-0</div>
<div class="border border-2 border-top-0 border-dark bg-warning">border-top-0</div>
<div class="border border-2 border-end-0 border-dark bg-warning">border-end-0</div>
<div class="border border-2 border-bottom-0 border-dark bg-warning">border-
bottom-0</div>
<div class="border border-2 border-start-0 border-dark bg-warning">border-
start-0</div>
</body>
```

3.3.2 圆角边框

　　.rounded 类用于为元素添加圆角边框。为元素的某一侧添加圆角边框可以使用.rounded-{side}类，side 的取值可以是 top、end、bottom、start，分别用于为元素添加左上和右上的圆角边框、右上和右下的圆角边框、左下和右下的圆角边框、左上和左下的圆角边框。

　　side 的取值还可以是 circle 和 pill，分别用于将元素设置为圆形和椭圆形。

　　下面是 Bootstrap 5 中圆角边框工具类的定义代码。

```
.rounded {
  border-radius: 0.25rem !important;
}
.rounded-top {
  border-top-left-radius: 0.25rem !important;
  border-top-right-radius: 0.25rem !important;
}
.rounded-end {
  border-top-right-radius: 0.25rem !important;
  border-bottom-right-radius: 0.25rem !important;
}
.rounded-bottom {
  border-bottom-right-radius: 0.25rem !important;
  border-bottom-left-radius: 0.25rem !important;
}
.rounded-start {
  border-bottom-left-radius: 0.25rem !important;
  border-top-left-radius: 0.25rem !important;
}
.rounded-circle {
  border-radius: 50% !important;
}
.rounded-pill {
  border-radius: 50rem !important;
}
```

例 3-5 ▶ 为 div 元素添加圆角边框，代码如下。

```
<style>
    div{
        width: 100px;
        height: 100px;
        float: left;
        margin: 15px;
        padding-top: 20px;
    }
```

< 36 >

```
</style>
<body class="container">
<h4 class="mb-4">.rounded 类和.rounded-{side}类</h4>
<div class="border border-primary .rounded">rounded</div>
<div class="border border-primary .rounded-0">rounded-0</div>
<div class="border border-primary .rounded-top">rounded-top</div>
<div class="border border-primary .rounded-end">rounded-end</div>
<div class="border border-primary .rounded-3">rounded-3</div>
<div class="border border-primary border-2 .rounded-circle">rounded-circle</div>
<div class="border border-primary border-2 .rounded-pill">rounded-pill</div>
</body>
```

添加圆角边框的效果如图 3-4 所示。在这个示例中，使用.rounded-3 类定义圆角的大小，包括所有的 4 个圆角。注意，.border 类用于添加边框，.border-2 类仅用于设置边框宽度。

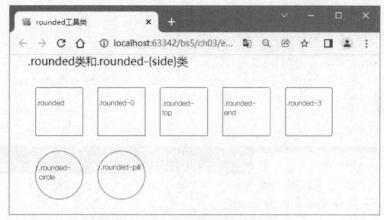

图 3-4　圆角边框工具类的应用效果

3.4　边距工具类

Bootstrap 5 提供了一系列用于设置 margin 和 padding 的边距工具类，它们用于快速直观地设置页面的外观。使用这些边距工具类可以非常方便地支持响应式页面布局。

3.4.1　外边距和内边距

在 CSS 中，margin 属性用来设置元素的外边距，padding 属性用来设置元素的内边距。在 Bootstrap 5 中，边距工具类的语法格式如下。

```
.m{side}-{value} 或 .p{side}-{value}
```

其中，m 表示 margin，p 表示 padding。side 用于指明具体的边，取值如下。

t 表示 margin-top 或 padding-top。

b 表示 margin-bottom 或 padding-bottom。

s 表示 margin-left 或 padding-left。

e 表示 margin-right 或 padding-right。

x 表示左右两边的 margin-left、margin-right 和 padding-left、padding-right。

y 表示上下两边的 margin-top、margin-bottom 和 padding-top、padding-bottom。

< 37 >

（空）表示同时设定 4 条边的 margin 或 padding 。

Value 的取值范围为 0~5，用于说明 margin 或 padding 具体的属性值。其中，0 表示 margin 或 padding 的值为 0，类似地，1 表示 0.25rem，2 表示 0.5rem，3 表示 1rem，4 表示 1.5rem，5 表示 3rem。

此外，Bootstrap 5 还包括一个.mx-auto 类，表示 margin:auto。

例 3-6 使用.m{side}-{value}类和.p{side}-{value}类设置外边距和内边距，效果如图 3-5 所示，代码如下。

```
<style>
    .box {
        width: 10rem;
        height:3rem;
        font-size: 0.875rem;
    }
</style>
<body>
<h4 class="mb-4">.m{side}-{value}类和 .p{side}-{value}类</h4>
<div class="container border border-2">
    <div class="box border border-primary ms-2 ps-2">ms-2 ps-2</div>
    <div class="box border border-primary ms-4 p-3">ms-4 p-3</div>
    <div class="box border border-primary mx-auto pt-4">mx-auto pt-4</div>
</div>
</body>
```

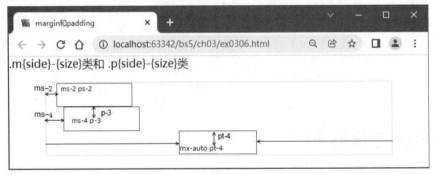

图 3-5　边距工具类的应用效果

为了得到好的显示效果，以上代码设计了.box 类的样式，包括 div 元素的宽、高和文字的字号。

3.4.2　响应式边距

与 margin 和 padding 相关的工具类支持响应式页面设计，其语法格式如下。

.m{side}-{breakpoint}-{value} 或 .p{side}-{breakpoint}-{value}

breakpoint 的取值可以是 xs、sm、md、lg、xl、xxl 等，value 的取值范围为 0~5。

例 3-7 在 md 型设备上，实现响应式的外边距和内边距的效果如图 3-6 所示，代码如下。

```
<body class="container">
<h4 class="my-2">响应式边距</h4>
<div class="border border-2">
    <div class="box border border-primary m-sm-2 p-sm-2 m-md-4 p-md-4" style="width:
    12rem;height: 6rem">
        m-sm-2 p-sm-2
        m-md-4 p-md-4
    </div>
```

< 38 >

```
    </div>
    </body>
```

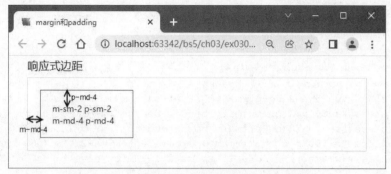

图3-6 （在md型设备上）响应式外边距和内边距的效果

当页面显示在 sm 型设备上时，外边距和内边距的属性值均为 0.5rem；当页面显示在 md 型设备上时，外边距和内边距的属性值均为 1.5rem。

3.5　宽度和高度工具类

在 Bootstrap 5 中，元素的宽度和高度经常用相对于父元素的宽度和高度的百分比来表示，其语法格式如下。

```
.w-{value} 或 .h-{value}
```

value 的取值包括 25%、50%、75%、100%和 auto。一些样式的定义代码如下。

```
.w-25 {
  width: 25% !important;
}
.w-50 {
  width: 50% !important;
}
.w-75 {
  width: 75% !important;
}
.w-100 {
  width: 100% !important;
}
.w-auto {
  width: auto !important;
}
.h-25 {
  height: 25% !important;
}
.h-50 {
  height: 50% !important;
}
.h-75 {
  height: 75% !important;
}
.h-100 {
  height: 100% !important;
```

< 39 >

```
}
.h-auto {
  height: auto !important;
}
```

例 3-8 应用.w-{value}类，代码如下。

```
<body class="container">
<h4 class="mb-2">.w-{value}类</h4>
<div class="bg-warning text-white mb-4">
    <div class="w-25 p-2 bg-primary border-bottom">w-25</div>
    <div class="w-50 p-2 bg-primary border-bottom">w-50</div>
    <div class="w-75 p-2 bg-primary border-bottom">w-75</div>
    <div class="w-100 p-2 bg-primary border-bottom ms-2">w-100</div>
    <div class="w-auto p-2 bg-primary ms-2">w-auto</div>
</div>
</body>
```

.w-{value}类的应用效果如图 3-7 所示。在这个示例中，需要注意.w-100 类和.w-auto 类的区别。.w-100 类不计算 margin-left、margin-right 的属性值，即元素的宽度始终与父元素的宽度一致；而.w-auto 类计算宽度时包含 margin-left、margin-right 的属性值，应用.w-auto 类的元素总是占据整行。为了表现这个区别，示例代码中增加了.ms-2 类。从代码中删除.ms-2 类，观察其显示效果。

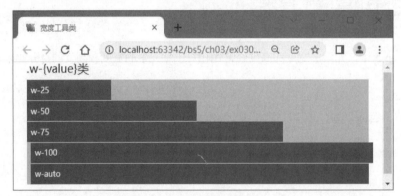

图 3-7　.w-{value}类的应用效果

除了上面的类以外，宽度和高度工具类还包括下面两个类，其定义代码如下。

```
.mw-100 {
  max-width: 100% !important;
}
.mh-100 {
  max-height: 100% !important;
}
```

其中，.mw-100 类用于设置最大宽度，.mh-100 类用于设置最大高度，其典型的应用场景是设置容器中的图片尺寸。通常，外部容器的大小是固定的，其中包含的图片大小不一定是固定的，可以为图片添加.mw-100 类和.mh-100 类，保证图片不会从外层容器中溢出，以免影响页面布局。

例 3-9 应用.mw-100 类和.mh-100 类，代码如下。

```
<body class="container">
<h4 class="mb-4">.mw-100 类和.mh-100 类</h4>
<div style="width: 400px;height: 300px;" class="border border-primary">
    <img src="img/dandong.jpg" alt="丹东" class="mw-100 mh-100">
</div>
</body>
```

< 40 >

.mw-100 类和.mh-100 类的应用效果如图 3-8 所示。可以从代码中删除 class="mw-100 mh-100"，然后观察页面的显示效果。

图 3-8　.mw-100 类和.mh-100 类的应用效果

3.6 显示和浮动工具类

显示工具类与 CSS 的 display 属性相关，用于切换元素的显示和隐藏状态。浮动工具类对应 CSS 的 float 属性，主要用于页面布局。

3.6.1　显示工具类

1．.d-{value}类

在 Bootstrap 5 中，显示工具类的语法格式是.d-{value}，其中 value 的取值是 display 属性的值，具体含义如下。

none：用于隐藏元素。

inline：显示为内联元素。

inline-block：显示为行内块元素。

block：显示为块元素。

grid：显示为栅格元素。

table：将元素作为块级表格来显示。

table-cell：将元素作为单元格来显示。

table-row：将元素作为表格行来显示。

flex：将元素作为弹性盒子。

inline-flex：将元素作为内联块级弹性盒子。

例 3-10　应用.d-inline 类、.d-inline-block 类、.d-block 类、.d-table-cell 类，代码如下。

```
<style>
    span,div {
       height: 60px;;
    }
</style>
```

< 41 >

```
<body class="container">
<h3>.d-{value}类</h3>
<p>.d-inline类</p>
<div class="d-inline bg-primary text-white">.d-inline</div>
<div class="d-inline m-5 bg-danger text-white">.d-inline</div>
<p>.d-inline-block类</p>
<div class="d-inline-block bg-primary text-white">.d-inline-block</div>
<div class="d-inline-block bg-danger text-white">.d-inline-block</div>
<p>.d-block类</p>
<span class="d-block bg-primary text-white">.d-block</span>
<span class="d-block bg-danger text-white">.d-block</span>
<p>.d-table-cell类</p>
<div class="d-table-cell bg-primary text-white">.d-table-cell</div>
<div class="d-table-cell bg-danger text-white">.d-table-cell</div>
</body>
</html>
```

应用效果如图 3-9 所示。

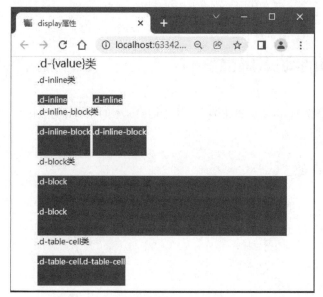

图 3-9　显示工具类的应用效果

可以看出，.d-inline 类、.d-block 类、.d-inline-block 类、.d-table-cell 类有下面的特点。

.d-inline 类用于将元素变成行内元素，拥有行内元素的特性，即可以与其他行内元素共享一行，不会独占一行。需要注意，不能更改.d-inline 类元素的 height 和 width 的值，元素大小由其中的内容决定。

.d-block 类用于将元素变成块元素，独占一行，在不设置自己的宽度的情况下，块元素的宽度默认等于父元素的宽度；能够改变元素的 height 和 width 的值，而且可以设置 padding 和 margin 的各个属性值。

.d-inline-block 类具有 inline 与 block 的特点，是行内元素，并且可以设置 height 和 width 的值，还可以设置 padding 和 margin 的值，即它是不独占一行的块元素。

.d-table-cell 类用于将元素作为一个单元格，具有.d-inline-block 类的特点。

2．.d-{breakpoint}-{none|block}类

.d-{none|block}类支持响应式地显示和隐藏元素，这样可以为同一个页面面向不同的设备创建不同

< 42 >

的版本。实现响应式设计的工具类的语法格式是.d-{breakpoint}-{none|block}。

其中，breakpoint 的取值可以是 sm、md、lg、xl、xxl 等。如果要在某类设备上隐藏元素，只需使用.d-{breakpoint}-none 类；如果要在指定的设备上显示元素，可以组合使用.d-{breakpoint}-none 类和.d-{breakpoint}-bolck 类。例如，"d-none d-md-block d-xl-none"表示仅在 md 型设备上显示元素，在其他类型的设备上隐藏该元素。

表 3-2 给出一些显示和隐藏元素的组合类及其功能。

表 3-2　显示和隐藏元素的组合类及其功能

组合类	功能
.d-none	在所有类型的设备上隐藏元素
.d-none .d-sm-block	仅在 xs 型设备上隐藏元素
.d-sm-none .d-md-block	仅在 sm 型设备上隐藏元素
.d-md-none .d-lg-block	仅在 md 型设备上隐藏元素
.d-lg-none .d-xl-block	仅在 lg 型设备上隐藏元素
.d-xl-none .d-xxl-block	仅在 xl 型设备上隐藏元素
.d-xxl-none	仅在 xxl 型设备上隐藏元素
.d-block	在所有类型的设备上显示元素
.d-block .d-sm-none	仅在 xs 型设备上显示元素
.d-none .d-sm-block .d-md-none	仅在 sm 型设备上显示元素
.d-none .d-md-block .d-lg-none	仅在 md 型设备上显示元素
.d-none .d-lg-block .d-xl-none	仅在 lg 型设备上显示元素
.d-none .d-xl-block .d-xxl-none	仅在 xl 型设备上显示元素
.d-none .d-xxl-block	仅在 xxl 型设备上显示元素

例 3-11 实现响应式地显示和隐藏元素的代码如下。

```
<style>
  div {
    height: 60px;;
   }
</style>
<body class="container">
<h4>d-{value}类和d-{breakpoint}-{value}类</h4>
<div class="d-md-none bg-success text-white">one: 在 md、lg、xl、xll 设备上隐藏（浅绿色背景）</div>
<div class="d-none d-md-block bg-primary text-white">two: 在 md、lg、xl、xxl 设备上显示（蓝色背景）</div>
<div class="d-md-none d-xl-block bg-secondary text-white">three: 在 xs、sm、xl、xxl 设备上显示（灰色背景）</div>
</body>
```

上述代码在 sm 型设备上的应用效果如图 3-10 所示。

调整显示窗口的大小，可以看出，one 部分在 md 型以下的设备显示；two 部分在 md 型以上的设备显示；three 部分只在 md 型和 lg 型的设备上隐藏。在 Chrome 浏览器中按 F12 键，可以很方便地调整和显示不同类型设备的宽度。

< 43 >

图 3-10　显示工具类在 sm 型设备上的应用效果

3.6.2　浮动工具类

在 Bootstrap 5 中，使用.float-start 类和.float-end 类实现元素的向左和向右浮动。在设置浮动效果时，需要在父容器中使用.clearfix 类来清除浮动效果，这样不会因元素浮动而影响页面布局。

浮动工具类支持响应式页面设计，其语法格式如下。

```
.float-{breakpoint}-{start|end|none}
```

breakpoint 的取值可以是 sm、md、lg、xl、xxl 等，可用于设置在不同类型的设备上元素向左或向右浮动，或者不浮动。

例 3-12　应用浮动工具类，代码如下。

```
<body class="container">
<h3 class="my-4">.float-{start|end}工具类</h3>
<div class="clearfix text-white border border-primary p-2">
    <div class="float-start p-2 bg-primary">float-start</div>
    <div class="float-end p-2 bg-primary">float-end</div>
</div>
<h3 class="my-4">.float-{breakpoint}-{start|end}工具类</h3>
<div class="clearfix text-white border border-primary p-2">
    <div class="float-md-start p-2 bg-primary">float-md-start</div>
    <div class="float-md-end p-2 bg-primary">float-md-end</div>
</div>
</body>
```

在 sm 型设备上浮动工具类的应用效果如图 3-11 所示。如果是 md 型及以上类型的设备，第二部分的两个 div 元素将向左和向右浮动，与第一部分的浮动效果相同。

图 3-11　浮动工具类的应用效果

< 44 >

3.7 文本工具类

Bootstrap 5 定义了一系列用于设置文本样式的工具类，如控制文本的对齐、换行、大小写转换及文字大小等样式。

3.7.1 文本对齐

Bootstrap 5 中定义了以下 3 个类，用于设置文本的水平对齐方式。

.text-start：用于设置左对齐。

.text-center：用于设置居中对齐。

.text-end：用于设置右对齐。

上面的工具类支持响应式的页面设计，其语法格式如下。

```
.text-{breakpoint}-{start|center|end}
```

其中，breakpoint 的取值为 sm、md、lg、xl 或 xxl。

例 3-13 文本对齐和响应式对齐在 sm 型设备上的应用效果如图 3-12 所示，代码如下。

```
<body class="container">
<h4 class="my-2">文本对齐</h4>
<div class="text-start border mt-1 bg-light">text-left</div>
<div class="text-center border mt-1 bg-light">text-center</div>
<div class="text-end border mt-1 bg-light">text-right</div>
<h4 class="my-2">响应式对齐</h4>
<div class="text-sm-center text-md-end border">text-sm-center text-md-end</div>
</body>
```

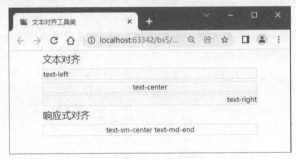

图 3-12　文本对齐工具类在 sm 型设备上的应用效果

3.7.2 文本换行

如果元素中的文本超出了元素本身的宽度，默认情况下文本会自动换行，使用.text-nowrap 类可以防止文本自动换行。使用.text-wrap 工具类可实现文本自动换行。这两个类的定义代码如下。

```
.text-wrap {
  white-space: normal !important;
}
.text-nowrap {
  white-space: nowrap !important;
}
```

例 3-14 实现文本换行，效果如图 3-13 所示，代码如下。

```
<body class="container">
```

< 45 >

```
<h4 class="mb-3">.text-wrap 类</h4>
<div class="text-wrap bg-warning" style="width: 12rem;">
    默认情况下，.text-wrap 类实现的是文本的自动换行
</div>
<h4 class="my-3">.text-nowrap 类</h4>
<div class="text-nowrap bg-warning" style="width: 12rem;">
    使用.text-nowrap 类可以防止自动换行
</div>
</body>
```

图 3-13　文本换行的效果

与文本换行效果有关的类还有.text-truncate 类和.text-break 类。

如果较长的文本内容超出了元素盒子的宽度，.text-truncate 类会以省略号的形式表示超出范围的文本，该类的定义代码如下。

```
.text-truncate {
  overflow: hidden;
  text-overflow: ellipsis;
  white-space: nowrap;
}
```

需要注意，应用.text-truncate 类的元素，只有设置 display:block 或 display:inline-block 的样式，才能实现以省略号的形式表示超出范围的文本。

使用.text-break 类可以设置文字断行，该类的定义代码如下。

```
.text-break {
  word-wrap: break-word !important;
  word-break: break-word !important;
}
```

例 3-15　应用.text-truncate 类和.text-break 类，效果如图 3-14 所示，代码如下。

```
<body class="container">
<h4 class="my-3">应用.text-truncate 类</h4>
<div class="text-truncate border border-primary" style="width: 15rem;">
    默认情况下，.text-wrap 类实现的是文本的自动换行
</div>
<h4 class="my-3">应用.text-break 类</h4>
<div class="text-break border border-primary"  style="width: 15rem;" >
    WirelessCommunications://doi.org/10.1155/3373535/volume2021/ArticleID11535
</div>
<h4 class="my-3">未应用.text-break 类</h4>
<div class="border border-primary"  style="width: 15rem;">
    WirelessCommunications://doi.org/10.1155/3373535/volume2021/ArticleID11535
</div>
</body>
```

< 46 >

图 3-14　.text-truncate 类和.text-break 类的应用效果

3.7.3　文本转换

在含有英文字符的文本中，使用下面的类可以实现英文字符的大小写转换。

.text-lowercase 类：用于将英文字符转换为小写。

.text-uppercase 类：用于将英文字符转换为大写。

.text-capitalize 类：用于将每个单词的首个英文字符转换为大写。

3.7.4　控制文本字号、样式和行高等的工具类

1．字号

控制字号的类用于改变文字的 font-size 属性，包括以下 6 个类。

.fs-1 类：用于设置 font-size 的值为 2.5rem。

.fs-2 类：用于设置 font-size 的值为 2rem。

.fs-3 类：用于设置 font-size 的值为 1.75rem。

.fs-4 类：用于设置 font-size 的值为 1.5rem。

.fs-5 类：用于设置 font-size 的值为 1.25rem。

.fs-6 类：用于设置 font-size 的值为 1rem。

2．字体粗细和斜体

控制字体粗细和斜体的类用于改变文字的 font-weight 和 font-style 属性，包括以下几个类，其定义代码如下。

```
.fw-light {
  font-weight: 300 !important;
}
.fw-lighter {
  font-weight: lighter !important;
}
.fw-normal {
  font-weight: 400 !important;
}
.fw-bold {
  font-weight: 700 !important;
}
```

< 47 >

```
.fw-bolder {
  font-weight: bolder !important;
}
.fst-italic {
  font-style: italic !important;
}
.fst-normal {
  font-style: normal !important;
}
```

3. 行高

控制行高的类用于改变文字的 line-height 属性，包括以下几个类，其定义代码如下。

```
.lh-1 {
  line-height: 1 !important;
}
.lh-sm {
  line-height: 1.25 !important;
}
.lh-base {
  line-height: 1.5 !important;
}
.lh-lg {
  line-height: 2 !important;
}
```

4. 文字装饰

文字装饰主要指为文字添加下划线或删除线，设置文字的 text-decoration 属性，包括以下几个类，其定义代码如下。

```
.text-decoration-none {
  text-decoration: none !important;
}
.text-decoration-underline {
  text-decoration: underline !important;
}
.text-decoration-line-through {
  text-decoration: line-through !important;
}
```

3.8 其他工具类

3.8.1 弹性盒子工具类

弹性盒子工具类可以方便地实现响应式布局。使用这些工具类可以将容器设置为弹性盒子，它们可以作用在弹性盒子容器上，也可以作用在容器中的项目上，主要包括如下几个类，详细内容将在第4 章中介绍。

.d-{flex|inline-flex}类：用于设置弹性伸缩盒子。

.justify-content-{value}类：用于设置项目的水平对齐方式。

.align-items-{value}类：用于设置项目的垂直对齐方式。

.flex-{row|row-reverse|column|column-reverse}类：用于设置项目方向的工具类。

< 48 >

.flex-{wrap|nowrap}类：用于控制项目换行的工具类。

.flex-{grow|shrink}-{value}类：用于控制项目伸缩的工具类。

.align-self-{value}类：用于控制项目自身对齐的工具类。

3.8.2　位置工具类

位置工具类用于设置元素的 position 属性。该属性值对应 CSS 中的静态定位、相对定位、绝对定位、固定定位、黏性定位等 5 种定位方式，Bootstrap 5 中相关的工具类的定义代码如下。

```
.position-static {
  position: static !important;
}
.position-relative {
  position: relative !important;
}
.position-absolute {
  position: absolute !important;
}
.position-fixed {
  position: fixed !important;
}
.position-sticky {
  position: -webkit-sticky !important;
  position: sticky !important;
}
```

3.8.3　阴影工具类

阴影工具类用于设置盒子的 box-shadow 属性，用于增加或删除阴影，包括如下几个工具类，其定义代码如下。

```
.shadow {
  box-shadow: 0 0.5rem 1rem rgba(0, 0, 0, 0.15) !important;
}
.shadow-sm {
  box-shadow: 0 0.125rem 0.25rem rgba(0, 0, 0, 0.075) !important;
}
.shadow-lg {
  box-shadow: 0 1rem 3rem rgba(0, 0, 0, 0.175) !important;
}
.shadow-none {
  box-shadow: none !important;
}
```

除了前面提到的工具类以外，还有用于控制内容溢出的.overflow-auto、.overflow-hidden、.overflow-visible、.overflow-scroll 等工具类，用于实现垂直对齐的.align-baseline、.align-top、.align-middle、.align-bottom 等工具类。

3.9　工具类的应用

工具类的应用

页面顶部的导航菜单通常基于列表设计，并使用弹性布局。弹性布局即 Flex 布局，图 3-15 中的导

< 49 >

航菜单采用了典型的 DIV+CSS 布局，并应用了嵌套的 Flex 布局。外层的 Flex 布局描述的是左侧菜单和右侧联系方式的布局样式。内层的 Flex 布局作用在 ul 元素上，为 ul 元素应用.list-inline 类，将其定义为水平列表。

图 3-15 （中型及以上设备中的）页面顶部导航菜单的效果

布局代码如下。

```html
<div class="d-flex">
    <div class="header-left">
        <ul class="list-inline d-flex">
            ...
        </ul>
    </div>
    <div class="header-right">
        <span>...</span>
        <span>...</span>
    </div>
</div>
```

图 3-15 中的导航菜单在中型以下的设备中会隐藏右侧的联系方式。

例 3-16 应用工具类实现图 3-15 中的顶部导航菜单，代码如下。

```html
<body>
    <header id="header" class="bg-dark">
        <div id="top" class="bg-success py-1 ">
        </div>
        <nav id="nav0" class="container">
            <div class="d-flex text-white">
                <div class="header-left pt-2">
                    <ul class="list-inline d-flex">
                        <li class="small"><a href="">登录</a></li>
                        <li class="small"><a href="">注册</a></li>
                        <li class="small"><a href="">积分兑换</a></li>
                        <li class="small"><a href=""> 帮助中心</a></li>
                        <li class="ms-2 small">
                            <a class="shop_car" href=""> 购物车</a>
                        </li>
                    </ul>
                </div>
                <div class="header-right ms-auto py-2 d-none d-md-block">
                    <span class="me-2">Telephone:</span>
                    <span class="">4001-888-666</span>
                </div>
            </div>
        </nav>
    </header>
</body>
```

< 50 >

使用 CSS 为顶部导航菜单中的列表项（li 元素）的超链接（a 元素）设计行高、文本颜色、边框等属性，以及鼠标指针悬浮的效果，代码如下。

```
#nav0 ul li a {
    line-height: 24px;
    height: 24px;
    color: #faf2cc;
    padding: 0 15px;
    border-right: 1px solid #faf2cc;
    text-decoration: none;
}
#nav0 ul li a:hover {
    color: rgb(0, 148, 100);
}
```

从以上代码可以看出，使用工具类可使页面代码的可读性更强。下面使用 DIV+CSS 实现顶部导航菜单，从而更深刻地理解工具类的意义。

例 3-17 使用 DIV+CSS 实现顶部导航菜单，代码如下。

```
<style>
    #header {
        background-color: #212529;
    }
    #top {
        padding-top: 0.25rem;
        padding-bottom: 0.25rem;
        background-color: green;
    }
    #lefta {
        color: white;
        display: flex;
    }
    .header-left {
        padding-top: 0.5rem;
    }
    #lefta ul {
        display: flex;
    }
    a {
        text-decoration: none;
    }
    #nav0 ul li a {
        line-height: 24px;
        height: 24px;
        color: #faf2cc;
        padding: 0 15px;
        border-right: 1px solid #faf2cc;
    }
    #nav0 ul li a:hover {
        color: rgb(0, 148, 100);
    }
    .mleft-2 {
        margin-left: 0.5rem;
    }
    .header-right {
        margin-left: auto;
        padding-top: 0.5rem !important;
```

< 51 >

```
        padding-bottom: 0.5rem !important;
    }
    @media (max-width:768px) {
        .u-sm-hide {
            display: none;
        }
    }
    span.me2 {
        margin-right: 0.5rem;
    }
</style>
<body>
    <header id="header">
        <div id="top">
        </div>
        <nav id="nav0" class="container">
            <div id="lefta">
                <div class="header-left">
                    <ul class="list-inline">
                        <li class="small"><a href="">登录</a></li>
                        <li class="small"><a href="">注册</a></li>
                        <li class="small"><a href="">积分兑换</a></li>
                        <li class="small"><a href=""> 帮助中心</a></li>
                        <li class="mleft-2 small">
                            <a class="shop_car" href=""> 购物车</a>
                        </li>
                    </ul>
                </div>
                <div class="header-right u-sm-hide">
                    <span class="me2">Telephone:</span>
                    <span>4001-888-666</span>
                </div>
            </div>
        </nav>
    </header>
</body>
```

特别指出，在响应式布局设计方面，使用媒体查询定义了在中型以下的设备中隐藏右侧联系方式的.u-sm-hide 类，其定义代码如下。

```
@media (max-width:768px) {
    .u-sm-hide {
        display: none;
    }
}
```

习题

1. 简答题

（1）在 Bootstrap 5 中，引入工具类的意义是什么？

（2）什么是响应式工具类？列举 5 个和外边距、内边距相关的响应式工具类。

（3）为元素添加圆角边框可使用哪些工具类？

< 52 >

（4）显示工具类.d-inline、.d-block、.d-inline-block 各有什么特点？在 Bootstrap 5 的文档中查看这些工具类的定义代码。

（5）控制字号的工具类和控制行高的工具类分别用于改变文字的什么属性？

2．操作题

创建图 3-16 所示的页面，使用工具类描述页面元素的样式。布局代码如下。

```
<div class="container">
    <div class="d-flex">
        <div class="col">
            ...
        </div>
        <div class="col">
            ...
        </div>
        <div class="col">
            ...
        </div>
    </div>
</div>
```

图 3-16　页面效果

< 53 >

第 4 章

Bootstrap 5 的弹性布局

Bootstrap 5 的一个重大改进是使用弹性盒子来布局，而不是使用浮动来布局。弹性布局是 CSS3 的一种布局模式，更适合响应式页面的设计。Bootstrap 5 的弹性布局可以使用一些实用的工具类实现，这些工具类可以快速管理栅格列、导航、组件等的布局，进而使 Bootstrap 5 可以实现更复杂的页面样式。

本章介绍实现弹性布局的样式和工具类，主要包括以下内容。

- 弹性布局的概念。
- 弹性布局容器的样式。
- 弹性布局项目的样式。
- 弹性布局的应用。

4.1 弹性布局的概念

弹性布局的概念

弹性布局是指使用弹性盒子实现的布局，可用于简单、快速、响应式地实现各种页面布局，替代了 CSS 的 position、display、float 等属性，使 CSS 的盒子模型具备了更强的灵活性。任何一个作为容器的页面元素，例如 body、div、span、section 等，都可以指定 Flex 布局，采用 Flex 布局的元素被称为 Flex 容器，简称"容器"。容器的所有子元素自动成为该容器的成员，称为 Flex 项目，简称"项目"。

工具类.d-flex 和.d-inline-flex 用来创建容器，并将直接子元素转换为项目。容器和项目的表现可以通过添加 Flex 属性进一步修改。

.d-flex 类用于将元素设置为弹性盒子，.d-inline-flex 类用于将元素设置为内联块级弹性盒子。Bootstrap 5 中.d-flex 类和.d-inline-flex 类的定义代码如下。

```
.d-flex {
  display: flex !important;
}
.d-inline-flex {
  display: inline-flex !important;
}
```

为了方便描述弹性布局的一些属性，可以认为容器中存在两根轴：水平方向的主轴（main axis）和垂直方向的交叉轴（cross axis）。主轴的起始位置称为 main start，结束位置称为 main end；交叉轴的起始位置称为 cross start，结束位置称为 cross end，这样可以清楚地描述容器中包含的项目的位置信息。

例 4-1 实现一个弹性布局，代码如下。

```
<!DOCTYPE html>
<html>
```

```
<head lang="en">
    <meta charset="UTF-8">
    <meta name="viewport" content="width=device-width,initial-scale=1.0"/>
    <link rel="stylesheet" href="../bootstrap-5.1.3-dist/css/bootstrap.css"/>
    <title></title>
    <style>
        .outer {
            width: 20rem;
            height: 16rem;
        }
        .box {
            width: 4rem;
            height: 4rem;
        }
    </style>
</head>
<body class="container mt-1">
<div class="d-flex  outer bg-primary text-white">
    <div class="box p-2 text-center bg-warning m-1">item</div>
    <div class="box p-2 text-center bg-warning m-1">item</div>
    <div class="box p-2 text-center bg-warning m-1">item</div>
</div>
</body>
</html>
```

弹性布局的实现效果可以参考图 4-1。图 4-1 中标注了主轴和交叉轴，并注明了起始位置和结束位置的信息。从中可以看出，要实现弹性布局，只需要为容器添加.d-flex 类就可以了。例 4-1 中为了清晰地表示弹性布局，使用 CSS 设置了容器和其中项目的 width 和 height 属性，这两个属性的作用也可以使用工具类实现。

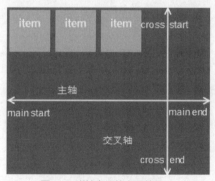

图 4-1　弹性布局的实现效果

.d-flex 类和.d-inline-flex 类支持响应式布局，可以根据不同的断点来设置弹性布局，响应式布局类的语法格式如下。

```
.d-{sm|md|lg|xl|xxl}-flex
.d-{sm|md|lg|xl|xxl}-inline-flex
```

4.2 弹性布局容器的样式

弹性布局容器
的样式

Bootstrap 5 中支持弹性布局的工具类分为修饰布局容器的类和修饰布局项目的类。要实现更复杂的布局，可以自行定义 CSS。控制外层容器布局的工具类主要用于设置容器中项目

< 55 >

的显示方式，包括设置项目的水平和垂直对齐方式、项目的排列方向、项目是否换行等。

4.2.1 项目对齐的工具类

项目对齐的工具类包括.justify-content-{value}和.align-items-{value}类，分别用于设置项目的水平和垂直对齐方式。

1．.justify-content-{value}类

弹性布局容器的.justify-content-{value}类用来改变项目在主轴上的对齐方式，value 的取值包括start、end、between、around 等，其中，start 是默认值。如果设置了 flex-direction:column 属性，则项目在交叉轴方向对齐。相关的工具类及其说明如下。

.justify-content-start 类：使项目位于主轴的起始位置。

.justify-content-end 类：使项目位于主轴的结束位置。

.justify-content-center 类：使项目沿主轴居中对齐。

.justify-content-between 类：使项目沿主轴左右两端对齐，且项目均匀分布。

.justify-content-around 类：使项目的间距为左右两端项目到容器间的距离的 2 倍。

.justify-content-evenly 类：使项目的间距与项目到容器间的距离相等。

例 4-2 应用.justify-content-{value}类，效果如图 4-2 所示，代码如下。

```html
<style>
    .outer {
        width: 36rem;
        padding:2px;
        margin: 0 auto;;
        background-color: lightgrey;
    }
    .box {
        width: 6rem;
        margin:1px;
        padding-top: 6px;
        padding-bottom: 6px;
        background-color: dimgray;
        border:rgba(86,61,124,.15);
        text-align: center;
    }
</style>
<body>
<h4 class="mb-3 text-center">justify-content-{value}工具类</h4>
<div class="d-flex outer text-white justify-content-start">
    <div class="box">start</div>
    <div class="box">start</div>
    <div class="box">start</div>
</div>
<div class="d-flex outer text-white justify-content-center">
    <div class="box">center</div>
    <div class="box">center</div>
    <div class="box">center</div>
</div>
<div class="d-flex outer text-white justify-content-end">
    <div class="box">end</div>
    <div class="box">end</div>
    <div class="box">end</div>
```

< 56 >

```
</div>
<div class="d-flex outer text-white justify-content-between">
    <div class="box">between</div>
    <div class="box">between</div>
    <div class="box">between</div>
</div>
<div class="d-flex outer text-white justify-content-around">
    <div class="box">around</div>
    <div class="box">around</div>
    <div class="box">around</div>
</div>
<div class="d-flex outer text-white justify-content-evenly">
    <div class="box">evenly</div>
    <div class="box">evenly</div>
    <div class="box">evenly</div>
</div>
</body>
```

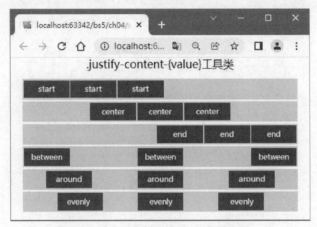

图 4-2　.justify-content-{value}类的应用效果

.justify-content-{value}类支持响应式布局，其语法格式如下。

```
.justify-content-{sm|md|lg|xl|xxl}-{value}
```

2．.align-items-{value}类

在弹性布局容器上应用.align-items-{value}类，可以改变项目在交叉轴上的对齐方式，value 的取值包括 start、end、center、baseline、stretch，其中 stretch 是默认值，表示项目被拉伸以适应容器；.align-items-baseline 表示项目位于容器的基线上。如果设置了 flex-direction:column 属性，则项目在主轴方向对齐。

例 4-3　.align-items-{value}类在 md 型设备上的应用效果如图 4-3 所示，代码如下。

```
<style>
    .outer {
        width: 36rem;
        height: 4em;
        padding:2px;
        margin: 4px auto;;
        background-color: lightgrey;
    }
    .box {
        width: 6rem;
```

< 57 >

```
        margin:1px;
        padding-top: 6px;
        padding-bottom: 6px;
        background-color: dimgray;
        border:rgba(86,61,124,.15);
        text-align: center;
    }
</style>
<body>
<h4 class="mb-3 text-center">.align-items-{value}工具类</h4>
<div class="d-flex outer text-white align-items-start">
    <div class="box">start</div>
    <div class="box">start</div>
    <div class="box">start</div>
</div>
<div class="d-flex outer text-white align-items-center">
    <div class="box">center</div>
    <div class="box">center</div>
    <div class="box">center</div>
</div>
<div class="d-flex outer text-white align-items-lg-end">
    <div class="box">end</div>
    <div class="box">end</div>
    <div class="box">end</div>
</div>
<div class="d-flex outer text-white align-items-baseline">
    <div class="box">baseline</div>
    <div class="box">baseline</div>
    <div class="box">baseline</div>
</div>
<div class="d-flex outer text-white align-items-stretch">
    <div class="box">stretch</div>
    <div class="box">stretch</div>
    <div class="box">stretch</div>
</div>
</div>
</body>
```

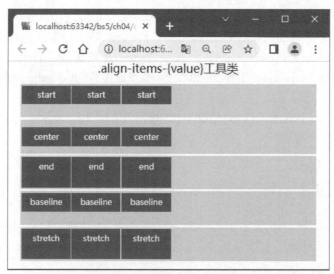

图 4-3　.align-items-{value}类在 md 型设备上的应用效果

< 58 >

.align-items-{value}类支持响应式布局，其语法格式如下。

```
.align-items-{sm|md|lg|xl|xxl}-{value}
```

图 4-3 的第 3 行页面元素的定义代码如下。

```
<div class="d-flex outer text-white align-items-lg-end">…</div>
```

当页面的内容显示在 lg 型设备上时，该行页面元素会位于交叉轴的结束位置。

4.2.2　排列方向的工具类

弹性盒子中项目的排列方向包括水平排列和垂直排列，分别使用工具类.flex-row 和.flex-column 来设置。

1．.flex-row 类

.flex-row 类可用于设置项目从左到右水平排列，此排列方式是默认值。使用.flex-row-reverse 类可以设置项目从右到左水平排列。

例 4-4 应用.flex-row 类和.flex-row-reverse 类，效果如图 4-4 所示，代码如下。

```
<body class="container">
<h4 class="mb-3 text-center">.flex-row 和 .flex-row-reverse 工具类</h4>
<div class="d-flex flex-row text-white bg-warning p-1">
    <div class="p-1 m-1 bg-primary">one</div>
    <div class="p-1 m-1 bg-primary">two</div>
    <div class="p-1 m-1 bg-primary">three</div>
</div>
<hr/>
<div class="d-flex flex-row-reverse text-white bg-warning p-1">
    <div class="p-1 m-1 bg-primary">one</div>
    <div class="p-1 m-1 bg-primary">two</div>
    <div class="p-1 m-1 bg-primary">three</div>
</div>
</body>
```

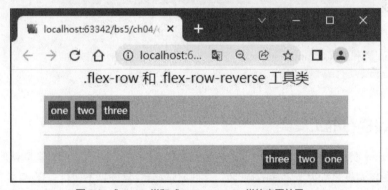

图 4-4　.flex-row 类和. flex-row-reverse 类的应用效果

.flex-row 类和. flex-row-reverse 类支持响应式布局，其语法格式如下。

```
.flex-{sm|md|lg|xl|xxl}-row
.flex-{sm|md|lg|xl|xxl}-row-reverse
```

2．.flex-column 类

.flex-column 类用来设置项目沿垂直方向从上到下排列，.flex-column-reverse 类用来设置项目沿垂直方向从下到上排列。

< 59 >

例 4-5 应用.flex-column 类和 .flex-column-reverse 类，效果如图 4-5 所示，代码如下。

```
<body class="container">
<h4 class="mb-3 text-center">.flex-column 和.flex-column-reverse 工具类</h4>
<div class="d-flex flex-column text-white bg-warning p-1">
    <div class="p-1 m-1 bg-primary">one</div>
    <div class="p-1 m-1 bg-primary">two</div>
    <div class="p-1 m-1 bg-primary">three</div>
</div>
<hr/>
<div class="d-flex flex-column-reverse text-white bg-warning p-1">
    <div class="p-1 m-1 bg-primary">one</div>
    <div class="p-1 m-1 bg-primary">two</div>
    <div class="p-1 m-1 bg-primary">three</div>
</div>
</body>
```

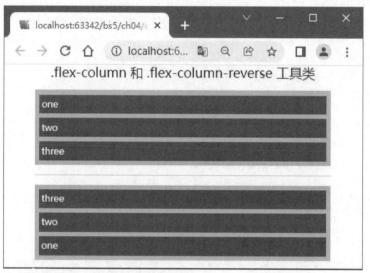

图 4-5 .flex- column 类和.flex- column -reverse 类的应用效果

.flex-column 类和.flex-column-reverse 类支持响应式布局，其语法格式如下。

```
.flex-{sm|md|lg|xl|xxl}-column
.flex-{sm|md|lg|xl|xxl}-column-reverse
```

4.2.3 项目换行的工具类

使用.flex-wrap 类和.flex-nowrap 类可改变项目在容器中的换行方式。浏览器默认使用.flex-nowrap 类，当所有项目的宽度之和大于容器的宽度时，会强行等分容器并且不换行；在应用.flex-wrap 类时，当项目的宽度之和大于容器的宽度时，会自动换行。

使用.flex-wrap-reverse 类可实现反向换行。

例 4-6 应用.flex-nowrap 类、.flex-wrap 类、.flex-wrap-reverse 类，效果如图 4-6 所示，代码如下。

```
<style>
    .outer {
        width: 30rem;
    }
    .box {
        width: 6rem;
```

< 60 >

```
      }
</style>
<body class="container">
<h4 class="my-2 text-center">.flex-nowrap 类，默认使用</h4>
<div class="d-flex outer bg-warning text-white justify-content-start">
   <div class="bg-primary m-1 box">nowrap1</div>
   <div class="bg-primary m-1 box">nowrap2</div>
   <div class="bg-primary m-1 box">nowrap3</div>
   <div class="bg-primary m-1 box">nowrap4</div>
   <div class="bg-primary m-1 box">nowrap5</div>
   <div class="bg-primary m-1 box">nowrap6</div>
</div>
<h4 class="my-2 text-center">.flex-wrap 类</h4>
<div class="d-flex outer flex-wrap bg-warning text-white justify-content-start">
   <div class="bg-primary m-1 box">wrap1</div>
   <div class="bg-primary m-1 box">wrap2</div>
   <div class="bg-primary m-1 box">wrap3</div>
   <div class="bg-primary m-1 box">wrap4</div>
   <div class="bg-primary m-1 box">wrap5</div>
   <div class="bg-primary m-1 box">wrap6</div>
</div>
<h4 class="my-2 text-center">.flex-wrap-reverse 类</h4>
<div class="d-flex outer flex-wrap-reverse bg-warning text-white justify-content-
start">
   <div class="bg-primary m-1 box">wrap1</div>
   <div class="bg-primary m-1 box">wrap2</div>
   <div class="bg-primary m-1 box">wrap3</div>
   <div class="bg-primary m-1 box">wrap4</div>
   <div class="bg-primary m-1 box">wrap5</div>
   <div class="bg-primary m-1 box">wrap6</div>
</div>
</body>
```

图 4-6　项目换行的工具类的应用效果

.flex-nowrap 类、.flex-wrap 类、.flex-wrap-reverse 类支持响应式布局，其语法格式如下。

```
.flex-{sm|md|lg|xl|xxl}-nowrap
.flex-{sm|md|lg|xl|xxl}-wrap
.flex-{sm|md|lg|xl|xxl}-wrap-reverse
```

< 61 >

4.3 弹性布局项目的样式

弹性布局项目的样式包括项目的顺序，以及项目的伸缩、对齐和浮动等。修饰布局项目的工具类与修饰布局容器的工具类不同，两者的主要区别是前者作用在项目上。

4.3.1 项目排序的工具类

.order-{value}类用来设置或检索项目出现的顺序。在 Bootstrap 5 中，value 的取值范围是整数 0～5，取其他值需要通过 CSS 属性定义。

此外，.order-first 类用于将元素排在最前面，.order-last 类用于将元素排在最后面。需要说明的是，如果元素不在容器内，.order-{value}类是不起作用的。

例 4-7 应用.order-{value}类对项目排序，效果如图 4-7 所示，代码如下。

```
<body class="container">
<h4 class="mb-3 text-center">.order-{value}工具类</h4>
<div class="d-flex text-white bg-warning p-1">
    <div class="order-5 p-1 m-1 bg-primary">Five</div>
    <div class="order-4 p-1 m-1 bg-primary">Four</div>
    <div class="order-1 p-1 m-1 bg-primary">One</div>
    <div class="order-2 p-1 m-1 bg-primary">Two</div>
    <div class="order-3 p-1 m-1 bg-primary">Three</div>
    <div class="order-0 p-1 m-1 bg-primary">Zero</div>
    <div class="order-last p-1 m-1 bg-primary">Last</div>
    <div class="order-first p-1 m-1 bg-primary">First</div>
</div>
</body>
```

图 4-7 应用.order-{value}类对项目排序的效果

.order-{value}类支持响应式布局，其语法格式如下。

```
.order-{sm|md|lg|xl|xxl}-{value}
```

4.3.2 项目伸缩的工具类

在 Flex 布局中，.flex-grow-{0|1}类和.flex-shrink-{0|1}类用于分配容器中项目的可用空间。为容器中的项目分配可用空间，还经常使用 flex-basis 属性，该属性用来设置项目的宽度。在 CSS 中，通常用 width 属性设置项目的宽度，如果为项目同时设置了 width 属性和 flex-basis 属性，那么 width 的值会被 flex-basis 的值覆盖。

1．.flex-grow-{0|1}类

当容器的宽度大于其包含的项目的宽度之和时，即容器的宽度有剩余，使用.flex-grow-1 类的项目

< 62 >

将放大，以使用容器的可用空间。.flex-grow-0 类是默认值，表示不使用容器的剩余空间。

例 4-8 应用.flex-grow-{0|1}类，效果如图 4-8 所示，代码如下。

```
<style>
    .outer {
        width: 36rem;
     }
    .box {
        width: 6rem;
    }
</style>
<body class="container">
<h4 class="mb-3">.flex-grow-{0|1} 工具类</h4>
<div class="d-flex outer text-white bg-warning p-1">
    <div class="flex-grow-1 box p-1 m-1 bg-primary" >flex-grow-1</div>
    <div class="box p-1 m-1 bg-primary">two</div>
    <div class="flex-grow-1 box p-1 m-1 bg-primary">flex-grow-1</div>
</div>
<hr/>
<div class="d-flex outer text-white bg-warning p-1">
    <div class="flex-grow-0 box p-1 m-1 bg-primary" >flex-grow-0</div>
    <div class="box p-1 m-1 bg-primary">two</div>
    <div class="flex-grow-0 box p-1 m-1 bg-primary">flex-grow-0</div>
</div>
</body>
```

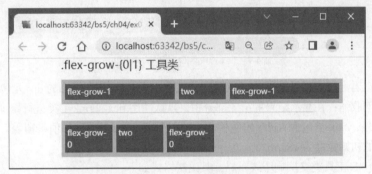

图 4-8　.flex-grow-{0|1}类的应用效果

.flex-grow-{0|1}工具类支持响应式布局，其语法格式如下。

```
.flex-{sm|md|lg|xl|xxl}-grow-{0|1}
```

2．.flex-shrink-{0|1}类

当容器的宽度小于其中包含的项目的宽度之和时，即项目宽度之和大于父元素的宽度，使用.flex-shrink-1 类可以使项目按照一定比例收缩，.flex-shrink-1 类是默认值。使用.flex-shrink-0 类可使项目不收缩。

例 4-9 应用.flex-shrink-{0|1}类，效果如图 4-9 所示，代码如下。

```
<style>
    .outer {
        width: 36rem;
    }
    .box {
        width: 30rem; /*定义的宽度被覆盖*/
        flex-basis: 18rem;
```

< 63 >

```
  }
</style>
<body class="container">
<h4 class="mb-3">.flex-shrink-{0|1}工具类</h4>
<div class="d-flex  text-white bg-warning p-1">
    <div class="box p-1 m-1 bg-primary" >one</div>
    <div class="flex-shrink-0 box p-1 m-1 bg-primary">shrink-0</div>
    <div class="box p-1 m-1 bg-primary">two</div>
</div>
<hr/>
<div class="d-flex outer text-white bg-warning p-1">
    <div class="box p-1 m-1 bg-primary">shrink-1</div>
    <div class="box p-1 m-1 bg-primary">shrink-1</div>
    <div class="box p-1 m-1 bg-primary">shrink-1</div>
</div>
</body>
```

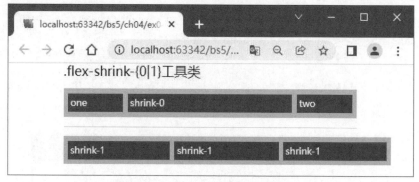

图 4-9   .flex-shrink-{0|1}类的应用效果

从图 4-9 可以看出，在显示结果的第一部分中，用.flex-shrink-0 类修饰的 div 元素不收缩，另外两个 div 元素按比例收缩；在显示结果的第二部分中，默认使用.flex-shrink-1 类进行修饰，所有 div 元素按比例收缩。另外，.box 类包含 width 属性和 flex-basis 属性，width 属性的值被覆盖，即每个用.box 类修饰的 div 元素的初始宽度为 18rem。

.flex-shrink-{0|1}工具类支持响应式布局，其语法格式如下。

```
. flex-{sm|md|lg|xl|xxl}-shrink-{0|1}
```

3. flex 属性

flex 是 CSS3 用于弹性布局的属性，是 flex-grow、flex-shrink、flex-basis 的缩写形式，其取值可以是 auto 或 none。当 flex 的值为 auto 时，flex-grow、flex-shrink、flex-basis 的值分别为 1、1、auto，用于等比例放大和缩小元素；当 flex 值为 none 时，flex-grow、flex-shrink、flex-basis 的值分别为 0、0、auto，表示既不放大元素，也不缩小元素。

例 4-10 应用 flex 属性，效果如图 4-10 所示，代码如下。

```
<style>
    .outer {
        width: 24rem;
    }
    .box {
        width:12rem;
        flex:auto;
    }
    .box2 {
```

< 64 >

```
        width:12rem;
        flex:none;
    }
</style>
<body class="container">
<h4 class="my-2">flex:auto</h4>
<div class="d-flex text-white bg-warning p-1 outer">
    <div class="p-1 m-1 bg-success">extra</div>
    <div class="p-1 m-1 bg-primary box">flex:auto</div>
    <div class="p-1 m-1 bg-primary box">flex:auto</div>
    <div class="p-1 m-1 bg-primary box">flex:auto</div>
</div>
<h4 class="my-2">flex:none</h4>
<div class="d-flex text-white bg-warning p-1 outer">
    <div class="p-1 m-1 bg-success">extra</div>
    <div class="p-1 m-1 bg-primary box2">flex:none</div>
    <div class="p-1 m-1 bg-primary box2">flex:none</div>
</div>
</body>
```

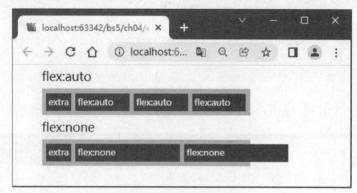

图 4-10　flex 属性的应用效果

在例 4-10 中，外层容器 div.outer 的宽度是 24rem，内层元素 div.box 和 div.box2 的宽度是 12rem。当内层元素设置属性 flex 为 auto 时，内层元素平分容器的剩余空间，这是第一部分的显示效果；当内层元素设置属性 flex 为 none 时，内层元素既不放大也不缩小，溢出外层容器，这是第二部分的显示效果。

4.3.3　自身对齐的工具类

.align-self-{value}类可用于改变项目自身在主轴上的对齐方式，value 的取值包括 start、end、baseline、stretch 等，与.align-items-{value}类中 value 的取值相同。如果设置了 flex-direction 的值为 column，则可改变项目自身在交叉轴上的对齐方式。

另外，.align-self-auto 类继承了它的父元素的 align-items 属性。如果它不存在父元素，则与.align-self-stretch 类的效果相同。

例 4-11　应用.align-self-{value}工具类，代码如下。

```
<style>
    .outer {
        width: 26rem;
        height:6rem;
        padding:2px;
        background-color: lightgrey;
    }
```

< 65 >

```
    .box {
        width: 8rem;
        padding-top: 6px;
        padding-bottom: 6px;
        background-color: dimgray;
        border:rgba(86,61,124,.15);
        text-align: center;
    }
</style>
<body class="container">
<h4 class="my-2">.align-self-start 工具类</h4>
<div class="d-flex justify-content-between text-white outer">
    <div class="box">默认</div>
    <div class="box align-self-start">align-self-center</div>
    <div class="box">默认</div>
</div>
<h4 class="my-2">.align-self-center 工具类</h4>
<div class="d-flex justify-content-evenly text-white outer">
    <div class="box align-self-sm-stretch">默认（align-self-stretch）</div>
    <div class="box align-self-center">align-self-center</div>
    <div class="box align-self-sm-stretch">默认（align-self-stretch）</div>
</div>
</body>
```

应用效果如图 4-11 所示。在这个例子中，使用 CSS 定义了 div.outer 和 div.box 的样式，这些样式完全可以通过工具类来实现，使用 CSS 样式还是工具类，应以页面结构和代码可读性为依据来选择。

图 4-11 .align-self-{value}类的应用效果

.align-self-{value}类支持响应式布局，其语法格式如下。

```
.align-self-{sm|md|lg|xl|xxl}-{value}
```

4.3.4 自动浮动的工具类

在 Bootstrap 5 中，.ms-auto、.me-auto 和.mx-auto 这 3 个类支持项目的向左、向右和居中浮动。这 3 个类的定义代码如下。

```
.ms-auto{margin-left:auto!important}
.me-auto{margin-right:auto!important}
```

< 66 >

```
.mx-auto{margin-right:auto!important;margin-left:auto!important}
```

例 4-12 使项目在水平方向浮动，效果如图 4-12 所示，代码如下。

```
<body class="container">
<h4 class="my-2">水平方向的自动浮动</h4>
<div class="d-flex bg-warning text-white mb-3">
    <div class="me-auto p-2 mx-1 bg-secondary">me-auto</div>
    <div class="p-2 mx-1 bg-secondary">Flex item</div>
    <div class="p-2 mx-1 bg-secondary">Flex item</div>
</div>
<div class="d-flex bg-warning text-white mb-3">
    <div class="p-2 mx-1 bg-secondary">Flex item</div>
    <div class="p-2 mx-1 bg-secondary">Flex item</div>
    <div class="ms-auto p-2 mx-1 bg-secondary">ms-auto</div>
</div>
<div class="d-flex bg-warning text-white mb-3">
    <div class="mx-auto p-2 mx-1 bg-secondary">mx-auto</div>
    <div class="mx-auto p-2 mx-1 bg-secondary">mx-auto</div>
</div>
</body>
```

图 4-12　项目在水平方向浮动的效果

从例 4-12 可以看出，.me-auto 类将后面的项目推到容器的右侧，.ms-auto 类将前面的项目推到容器的左侧，使用.mx-auto 类可以实现项目在容器内的居中显示。

.ms-auto、.me-auto 和.mx-auto 工具类支持响应式布局，其语法格式如下。

```
.ms-{sm|md|lg|xl|xxl}-auto
.me-{sm|md|lg|xl|xxl}-auto
.mx-{sm|md|lg|xl|xxl}-auto
```

Bootstrap 5 还提供了.mt-auto、.mb-auto 和.my-auto 类，支持项目向顶部、向底部和垂直居中的浮动，其使用方式与.ms-auto、.me-auto 和.mx-auto 类基本一致，也支持响应式布局。

4.4　弹性布局的应用

4.4.1　图文混排的实现

在很多情况下，网页效果是通过图文混排实现的。可以使用表格或 CSS 的 float 属性实现图文混排。使用弹性布局，可以更方便地实现图文混排，并更好地支持响应式布局。

图文混排的实现

< 67 >

例 4-13 使用弹性布局实现图文混排，效果如图 4-13 所示。

```
<style>
    body {
        min-width: 768px;
    }
</style>
<body>
<div class="m-2">
    <div class="d-flex justify-content-between bg-primary p-2 text-white fs-6 mb-1">
        <span>旅游景点</span><span>more&gt;&gt;</span>
    </div>
    <div class="d-flex bg-light">
        <img src="images/tu010.jpg" class="align-self-start img-fluid me-3">
        <p class="flex-grow-1">从星海广场沿中央大道北行 500 米左右是星海会展中心……
        </p>
    </div>
</div>
<div class="m-2">
    <div class="d-flex justify-content-between flex-row-reverse bg-primary p-2
    text-white fs-6 mb-1">
        <span>购物街区</span>
        <span>more&gt;&gt;</span>
    </div>
    <div class="d-flex flex-row-reverse bg-light">
        <img src="images/tu09.jpg" class="align-self-start img-fluid ms-3">
        <p class="flex-grow-1">沃尔玛、家乐福、百盛三家大型超市，罗斯福……
        </p>
    </div>
</div>
<div class="m-2">
    <div class="d-flex justify-content-between bg-primary p-2 text-white fs-6 mb-2">
        <span>旅游图库</span>
        <span>more&gt;&gt;</span>
    </div>
    <div class="d-flex justify-content-evenly bg-light ">
        <img src="images/tu3.jpg" class="img-fluid align-self-start">
        <img src="images/tu6.jpg" class="img-fluid align-self-start">
        <img src="images/tu4.jpg" class="img-fluid align-self-start">
        <img src="images/tu5.jpg" class="img-fluid align-self-start">
    </div>
</div>
<div class="mx-3">
    <div class="d-flex justify-content-between flex-row-reverse bg-primary p-2
    text-white fs-6 mb-2 ">
        <span>旅游景点</span>
        <span>more&gt;&gt;</span>
    </div>
    <div class="d-flex flex-row-reverse bg-light">
        <img src="images/tu7.jpg" class="img-fluid ms-3 align-self-start">
        <p class="flex-grow-1">旅顺博物馆藏青铜器在国内外有重要地位，其时间跨度从商代至辽
        金时代，种类有兵器、礼器、乐器、水器及杂器等。
        </p>
```

< 68 >

```
        </div>
    </div>
    </body>
```

图 4-13 中包括 4 个用 div 元素描述的栏目,这些栏目用弹性布局实现,其 HTML 结构如下。从代码可以看出,页面中使用了大量的弹性布局工具类。使用 CSS 设置 body 元素的最小宽度为 768px,以保证页面的完整。

```
<div class="m-2">
    <div class="d-flex justify-content-between bg-primary p-2 text-white fs-6 mb-1">
        <span>旅游景点</span><span>more&gt;&gt;</span>
    </div>
    <div class="d-flex bg-light">
        <img src="images/tu010.jpg" class="align-self-start img-fluid me-3">
        <p class="flex-grow-1">从星海广场沿中央大道北行 500 米左右……
        </p>
    </div>
</div>
```

图 4-13　用弹性布局实现的图文混排

4.4.2　响应式页面的实现

响应式页面的实现

弹性布局是响应式布局的基础,使用弹性布局的工具类创建自定义的栅格类,可以很方便地设计响应式页面。

例 4-14 用弹性布局实现响应式页面,效果如图 4-14 所示。

```
<!DOCTYPE html>
<html>
<head lang="en">
    <meta charset="UTF-8">
```

< 69 >

```
<meta name="viewport" content="width=device-width,initial-scale=1.0"/>
<link rel="stylesheet" href="../bootstrap-5.1.3-dist/css/bootstrap.css"/>
<title></title>
<style>
    .line {
        display: flex;
        flex-wrap: wrap;
    }
    .field {
        flex: 1 0 0;
    }
    .field-1 {
        flex: 0 0 auto;
        width: 25%;
    }
    .field-2 {
        flex: 0 0 auto;
        width: 50%;
    }
</style>
</head>
<body>
<div class="container mt-2">
    <div class="line">
        <div class="field border py-3 bg-light">field field field</div>
        <div class="field border py-3 bg-light">field </div>
        <div class="field border py-3 bg-light">field</div>
        <div class="field border py-3 bg-light">field</div>
        <div class="field border py-3 bg-light">field</div>
    </div>
    <div class="line">
        <div class="field-1 border py-3 bg-light">field 1</div>
        <div class="field-2 border py-3 bg-light">field 2</div>
        <div class="field-1 border py-3 bg-light">field 1</div>
    </div>
</div>
</body>
</html>
```

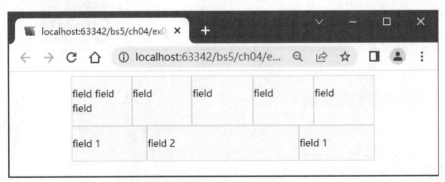

图 4-14　使用弹性布局实现的响应式页面效果

　　在例 4-14 中，使用 div.line 设置弹性布局的容器，.line 类的定义包括 "display: flex;"。对于弹性布局的项目，.field 类的定义为 "flex: 1 0 0;"，表明项目放大但不收缩；.field-1 类的定义为 "flex: 0 0 auto;width:

< 70 >

25%;",表明项目不放大也不收缩,其宽度占容器宽度的 25%,实现响应式的效果。.field-2 类的定义和.field-1 类的定义一致。将页面放大和缩小,可以看出该页面实现了响应式布局。

在例 4-14 中,自定义的.line、.field、.field-1 等样式类是使用 CSS 实现的,并没有使用工具类。例 4-14 体现了栅格系统的实现原理。

习题

1. 简答题

(1)什么是弹性布局?可实现弹性布局的工具类或 CSS 属性是什么?

(2)要控制项目在容器中水平居中和垂直居中,应该使用哪些工具类?

(3)举例说明 3 种以上作用于弹性布局容器的工具类。

(4)用于项目伸缩的工具类包括哪几个?说明这些工具类的含义。

(5)flex 是 CSS3 中用于弹性布局的属性,说明 flex 的值为 auto 或 none 的含义。

2. 操作题

(1)使用弹性布局实现图 4-15 所示的效果,其中的图片使用图片占位符生成器插件 holder.js 生成。

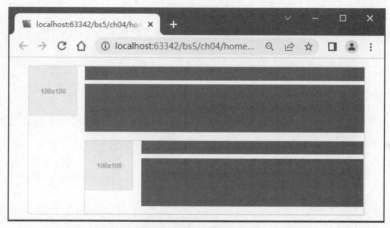

图 4-15　弹性布局的效果

(2)参考例 4-14,调试下面的代码并分析页面的显示结果。

```
<style>
    .line {
        display: flex;
        flex-wrap: wrap;
    }
    .field {
        flex: 1 0 0;
    }
    .field-auto {
        flex: 0 0 auto;
        width: auto;
    }
</style>
<body>
<div class="container mt-2">
    <div class="line">
```

< 71 >

```
        <div class="field border py-3 bg-light">field</div>
        <div class="field border py-3 bg-light">field </div>
        <div class="field border py-3 bg-light">field field field field field</div>
        <div class="field border py-3 bg-light">field</div>
    </div>
    <div class="line bg-secondary">
        <div class="field border py-3 bg-light">左</div>
        <div class="field-auto border py-3 bg-light">根据内容自动调整 field 宽度</div>
        <div class="field border py-3 bg-light">右</div>
    </div>
</div>
</body>
```

< 72 >

第 5 章　Bootstrap 5 的栅格布局

Bootstrap 5 提供了一套响应式、移动优先的栅格系统，用于页面的布局设计。使用栅格系统提供的容器、行、列等元素，可以很容易地实现响应式页面布局，降低前端开发的复杂度，进而让网站易于浏览，并可减小客户端的负载。

本章学习栅格布局相关的类，主要包括下面的内容。

- 栅格布局的基础知识。
- 使用自动布局列的布局。
- 使用响应式布局类的布局。
- 嵌套和列布局。
- 栅格布局的应用。

5.1　栅格布局的基础知识

栅格布局的基础
知识

Bootstrap 5 内置的栅格系统主要用于页面布局。栅格可以看作由一系列相交的直线（垂直的、水平的）组成的格子，用来承载网页的内容。栅格布局是通过一系列布局类实现的。视口和断点是栅格布局中的重要概念。

5.1.1　视口和断点

Bootstrap 5 支持响应式页面设计，其重要特征是移动优先。断点通过 CSS3 的媒体查询实现，使用断点可以在特定设备或特定大小的视口中调整页面布局。

1. 视口

视口是响应式布局领域的重要概念。视口区别于浏览器窗口，是指当前正在查看的页面区域。对于浏览器而言，视口是指浏览器窗口中不包括标题栏和菜单栏、用于显示网页内容的那一部分。如果网页内容很多，则视口只包含当前可见的内容。影响视口大小的因素包括屏幕大小、是否全屏模式、是否缩放页面等。概括来说，视口是浏览器中可见的页面部分。在 HTML 页面的 head 标记中使用 meta 元素来定义视口。

2. 断点

断点是 Bootstrap 5 预定义的设备宽度。对于不同的设备宽度，可以设计不同的页面布局，以实现响应式页面设计的目标。

断点在 Bootstrap 5 中是通过 Sass 来定义的，Sass 的相关内容将在第 9 章介绍。Sass 中关于栅格系统中的断点变量$grid-breakpoints 的定义代码如下。

```
$grid-breakpoints: (
xs: 0,
sm: 576px,
md: 768px,
lg: 992px,
xl: 1200px,
xxl: 1400px
);
```

从以上代码中可以看出，Bootstrap 5 为 xs、sm、md、lg、xxl 等设置了不同的阈值，用于对应不同类型的设备。需要指出的是，Bootstrap 5 中的元素多使用 em 或 rem 作为长度单位，但在栅格布局中描述断点的单位是 px，主要原因是视口的宽度以 px 为单位，并且不随文字大小而变化。断点主要有以下特点。

- 断点通过媒体查询创建。媒体查询是 CSS 适应响应式布局的功能，它允许根据浏览器和操作系统的参数有条件地应用样式。媒体查询通常使用满足要求的最小设备宽度实现。
- 遵循移动优先的原则。Bootstrap 5 应用最少的样式，使布局在最小断点处工作，然后设置不同的断点对样式分层，以便为更大的设备调整布局。这种做法优化了 CSS，缩短了渲染时间，为用户提供了更好的体验。

5.1.2 栅格布局的原则

Bootstrap 5 的栅格布局使用容器、行和列来布局和对齐内容，可以适应 6 种不同类型的设备。栅格布局遵循以下原则。

（1）在栅格布局中，行应当放置在使用 .container 类、.container-{breakpoint}类或.container-fluid 类定义的容器内，容器中的内容居中并水平放置，这样可以获得适当的对齐方式和内边距。其中，breakpoint 是断点，对应不同的设备类型。

（2）行是列的容器，使用行（.row 类）来创建列的水平组，页面元素应该放置在列内，且仅有列可以是行的直接子元素。每列都有水平间隙（gutter），用于控制列的间距。

列有多种形式，用.col-{breakpoint}-{value}类表示。其中，breakpoint 是断点；value 的最大取值为 12，表示每行最多可以有 12 列。允许创建跨多列的不同元素的组合。例如，.col-4 类表示跨越 4 列，.col-sm-3 类表示在 sm 型设备上跨越 3 列。列的宽度是按百分比设置的，因此相对页面宽度总是相同的。

（3）Bootstrap 5 的栅格系统支持 6 个响应断点。断点基于最小宽度的媒体查询创建，这表示该断点会影响该断点及其上的所有断点（例如，.col-sm-4 类适用于 sm、md、lg、xl 和 xxl 等设备），即可以通过不同的断点控制容器和列的大小及行为。

（4）间隙（Gutter 5）支持响应和定制。在断点上使用 Gutters，可以设置行和列的间距。水平间隙使用.gx-{value}类描述，垂直间隙使用.gy-{value}类描述，水平和垂直间隙使用.g-{value}类描述，value的取值范围为 0~5。.g-0 类用于移除间隙。

5.1.3 Bootstrap 5 的设备参数

对应 Bootstrap 5 的断点设置，栅格布局使用 6 种不同类型的设备来适应 6 个默认断点，也可以在 Sass 中自定义任何断点。6 种不同类型的设备包括超小型（xs）、小型（sm）、中等（md）、大型（lg）、特大型（xl）、超大型（xxl），表 5-1 总结了栅格布局在不同类型的设备上的特征。

< 74 >

表 5-1　栅格布局及相关特征

设备类型	超小型设备（小于 576px）	小型设备（大于或等于 576px 且小于 768px）	中型设备（大于或等于 768px 且小于 992px）	大型设备（大于或等于 992px 且小于 1200px）	特大型设备（大于或等于 1200px 且小于 1400px）	超大型设备（大于或等于 于 1400px）
栅格布局	总是水平排列	开始是堆叠在一起的，当设备（视口）宽度大于阈值时将呈水平排列				
.container 最大宽度	None（自动）	540px	720px	960px	1140px	1320px
类前缀	.col-	.col-sm-	.col-md-	.col-lg-	.col-xl-	.col-xll-
列数	12					
糟宽	30px（每列左右均有 15px）					
是否可嵌套	是					
是否为列排序	是					

从表 5-1 中可以看出，对于超小型设备来说，类前缀为.col-，并未指定设备类型，主要原因是 Bootstrap 5 遵循移动优先原则，只要不指明设备类型，默认按照最小设备看待。

5.1.4　栅格布局使用的类

Bootstrap 5 的栅格系统使用弹性布局，这样可以将没有指定宽度和高度的列（栅格）设置为等宽与等高，区别于 Bootstrap 3 的浮动布局。栅格布局中主要使用下面的类。

1．.container 类、.container-{breakpoint}类和.container-fluid 类

在栅格布局中，这些类用来定义**外层容器**。.container 类是默认容器，主要用于固定宽度并支持响应式布局。在超小型设备上，.container 类的宽度是 100%。该类的定义代码如下。

```
.container{
  width: 100%;
  padding-right: var(--bs-gutter-x, 0.75rem);  /*15px*/
  padding-left: var(--bs-gutter-x, 0.75rem);
  margin-right: auto;
  margin-left: auto;
}
```

.container-{breakpoint}类用于响应不同类型的设备，对于不同类型的设备分别有一个预设的最大宽度。在下面的代码中，.container-sm 类和.container-md 类中定义的宽度是不同的。这也体现了.container 类的响应式特点。

```
@media (min-width: 576px) {
  .container-sm, .container {
    max-width: 540px;
  }
}
@media (min-width: 768px) {
  .container-md, .container-sm, .container {
    max-width: 720px;
  }
}
```

.container-fluid 类不区分设备类型，宽度均设置为 100%，即占据设备全部视口的宽度。

2．.row 类

.row 类用来定义栅格中的一个**行容器**。.row 类中最重要的属性是 display: flex，这表明栅格系统采

< 75 >

用了弹性布局，同时设置了 margin-top、margin-right 和 margin-left 等属性值。.row 类的定义代码如下。

```
.row {
  --bs-gutter-x: 1.5rem;
  --bs-gutter-y: 0;
  display: flex;
  flex-wrap: wrap;
  margin-top: calc(var(--bs-gutter-y) * -1);
  margin-right: calc(var(--bs-gutter-x) * -.5);
  margin-left: calc(var(--bs-gutter-x) * -.5);
}
```

需要说明的是，在.row 类的定义代码中，使用了两个原生变量--bs-gutter-x 和--bs-gutter-y，calc() 和 var()是 CSS3 中增加的用于计算的函数。

3．.col-{breakpoint}-{value}类

.col-{breakpoint}-{value}类用来定义栅格行中的一列，实际就是一个**具体的栅格**。.col-{breakpoint}- {value}类使用组合类名，breakpoint 是设备类型，取值可为空、sm、md、lg、xl 或 xll；value 用于指明栅格在一行中占多少列，取值范围为 1～12，表示占据 12 列中的几列。

下面是两个栅格列的定义代码。

```
.col-md-3 {
    flex: 0 0 auto;
    width: 25%;
}
.col-5 {
  flex: 0 0 auto;
  width: 41.66666667%;
}
```

.col-md-3 类表示在 md 型设备上占据 3 列的宽度；.col-5 类没有指定设备类型，表示占据最小类型设备的 5 列。

4．.gx-{value}类、.gy-{value}类和.g-{value}类

这 3 个样式类应用在行上，用于设置**行和列的间距**。其中，.gx-{value}类用来设置水平间距；.gy-{value}类用来设置垂直间距；.g-{value}类用来设置水平间距和垂直间距。value 的取值范围为 0～5，分别表示 0rem、0.25rem、0.5rem、1rem、1.5rem、3rem。

默认情况下，栅格布局的水平间距是 1.5rem，垂直间距是 0rem。

5.2 自动布局列

自动布局列在栅格布局中有广泛的应用，主要指列（栅格）的宽度会根据行的宽度或列包含内容的宽度自动分配，包括等宽列和自动列两种情况。等宽列可以是所有列的宽度相同，也可以是部分列的宽度相同；自动列会根据列包含内容的宽度来决定列的实际宽度。

5.2.1 等宽列

1．所有列等宽

所有列等宽适用于从 xs 型到 xxl 型的每种设备或视口。为设备的行添加.col 类，可实现每个列的宽度都相同。

< 76 >

例 5-1 实现等宽列，效果如图 5-1 所示，代码如下。

```
<body class="container">
<h4 class="mb-3">使用.col 类实现等宽列</h4>
<div class="row">
    <div class="col border py-3 bg-light">二分之一</div>
    <div class="col border py-3 bg-light">二分之一</div>
</div>
<div class="row">
    <div class="col border py-3 bg-light">三分之一</div>
    <div class="col border py-3 bg-light">三分之一</div>
    <div class="col border py-3 bg-light">三分之一</div>
</div>
<div class="row">
    <div class="col border py-3 bg-light">十二分之一</div>
    <div class="col border py-3 bg-light">十二分之一</div>
    <div class="col border py-3 bg-light">十二分之一</div>
    <div class="col border py-3 bg-light">十二分之一</div>
    <div class="col border py-3 bg-light">十二分之一</div>
    <div class="col border py-3 bg-light">十二分之一</div>
    <div class="col border py-3 bg-light">十二分之一</div>
    <div class="col border py-3 bg-light">十二分之一</div>
    <div class="col border py-3 bg-light">十二分之一</div>
    <div class="col border py-3 bg-light">十二分之一</div>
    <div class="col border py-3 bg-light">十二分之一</div>
    <div class="col border py-3 bg-light">十二分之一</div>
</div>
</body>
```

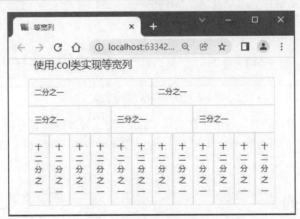

图 5-1　等宽列的实现效果

　　从以上代码中可以看出，使用.col 类实现了将每行等分 2 列、3 列和 12 列的效果。实际上，在使用.col 类定义列时，每行的列数并不限于 12，但要求设备宽度可以承载所有列的内容。这是由.col 类的定义决定的，.col 类的定义代码如下。

```
.col {
  flex: 1 0 0%;
}
```

< 77 >

2．部分列等宽

部分列等宽的应用场景是一列或几列的宽度固定，把剩余的宽度平均分配给其他各列。

例 5-2 实现部分列等宽，效果如图 5-2 所示，代码如下。

```
<body class="container">
<h4 class="mb-3">部分列等宽</h4>
<div class="row text-center">
    <div class="col border py-3 bg-light"></div>
    <div class="col-8 border py-3 bg-light">中部宽度固定 8/12</div>
    <div class="col border py-3 bg-light"></div>
</div>
<div class="row text-center">
    <div class="col-6 border py-3 bg-light">左部宽度固定 6/12</div>
    <div class="col border py-3 bg-light"></div>
    <div class="col border py-3 bg-light"></div>
    <div class="col border py-3 bg-light"></div>
</div>
<div class="row text-center">
    <div class="col-6 border py-3 bg-light ">左部宽度固定 6/12</div>
    <div class="col border py-3 bg-light"></div>
    <div class="col border py-3 bg-light"></div>
    <div class="col-4 border py-3 bg-light">右部宽度固定 4/12</div>
</div>
</body>
```

图 5-2　部分列等宽的实现效果

从以上代码中可以看出，第一行的中部应用了.col-8 类，另外两列等分剩余宽度；第二行的左部应用了.col-6 类，另外 3 列等分剩余宽度；第三行的左部和右部应用了.col-6 类和.col-4 类，另外两列等分剩余宽度。

5.2.2　自动宽度列

列的宽度由其承载的内容确定，这种列就是自动宽度列，也称可变宽度列。自动宽度列使用.col-auto 类或.col-{breakpoint}-auto 类来实现。

例 5-3 在 md 设备上实现自动宽度列，效果如图 5-3 所示，代码如下。

```
<body class="container ">
<h4 class="mb-3">可变宽度列</h4>
<div class="row bg-secondary">
    <div class="col-auto border py-3 bg-light">左……</div>
```

< 78 >

```
    <div class="col-auto border py-3 bg-light">中部内容……</div>
    <div class="col-auto border py-3 bg-light">右……</div>
</div>
<div class="row bg-secondary">
    <div class="col border py-3 bg-light">左</div>
    <div class="col col-auto border py-3 bg-light">中部可根据内容自动调整列宽度</div>
    <div class="col border py-3 bg-light">右</div>
</div>
<div class="row">
    <div class="col border py-3 bg-light">左</div>
    <div class="col col-md-auto border py-3 bg-light">中部在md设备上可根据内容自动
    调整列宽度</div>
    <div class="col border py-3 bg-light">右</div>
</div>
</div>
</body>
```

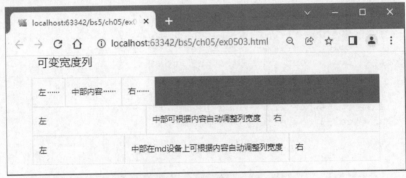

图 5-3　在 md 设备上的自动宽度列

从以上代码中可以看出，第一行的 3 列应用了.col-auto 类，每列宽度均由其包含的内容确定；第二行的第二列应用了.col-auto 类，该列宽度由其包含的内容确定，其他两列为自动宽度；第三行的第二列应用了.col-md-auto 类，对于 md 型设备，该列宽度由其包含的内容确定，其他两列为自动宽度。

.col-auto 类的定义代码如下，width 的属性值 auto 表明该列为自动宽度。.col-md-auto 类和.col-auto 类的定义代码相同。

```
.col-auto {
  flex: 0 0 auto;
  width: auto;
}
```

响应式布局类

5.3　响应式布局类

.col-{breakpoint}-{value}类用于定义栅格中的一列，也称响应式布局类。Bootstrap 5 支持响应式布局，主要特征是在页面中使用一致的 HTML 结构。使用响应式布局类，可在不同类型的设备上呈现不同的布局。

在.col-{breakpoint}-{value}类中，breakpoint 是设备类型，value 用于指明列的宽度，其取值范围为1～12。响应式布局类主要有下面几种应用形式。

< 79 >

- 行中的某列表示为<div class="col-md-8">…</div>，表示在 md 型及更大的设备上占据 12 列中 8 列的宽度。
- 行中的某列表示为<div class="col-6 col-md-4 col-lg-3 ">…</div>，表示在 sm 型及更小的设备上占据 12 列中 6 列的宽度；如果是在 md 型设备上，则占据 12 列中 4 列的宽度；如果是在 lg 型及更大的设备上，则占据 12 列中 3 列的宽度。可以看出，基于不同类型的设备，实现了响应式布局。
- 行中的某列表示为<div class="col-6 ">…</div>，表示从最小类型的设备开始，在所有设备上均占 12 列中 6 列的宽度，体现了移动优先的原则。

5.3.1 覆盖所有设备

使用.col 类和.col-{value}类可以实现从小到大的所有设备具有相同的布局，value 的取值范围为 1~12。

例 5-4 实现覆盖所有设备的栅格布局，效果如图 5-4 所示，代码如下。

```
<body class="container ">
<h4 class="mb-3">覆盖所有设备</h4>
<div class="row">
    <div class="col border py-3 bg-light">col</div>
    <div class="col border py-3 bg-light">col</div>
    <div class="col border py-3 bg-light">col</div>
    <div class="col border py-3 bg-light">col</div>
</div>
<div class="row">
    <div class="col-4 border py-3 bg-light">col-8</div>
    <div class="col-8 border py-3 bg-light">col-4</div>
</div>
</body>
```

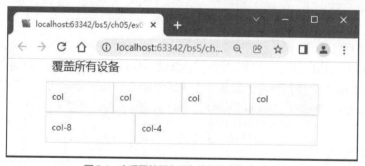

图5-4 实现覆盖所有设备的栅格布局效果

5.3.2 水平排列

水平排列是相对于堆叠排列而言的。若使用.col-{breakpoint}-{value}类，当一行内所有列的 value 值之和小于或等于 12，且设备宽度大于或等于 breakpoint 类型设备宽度时，各列呈水平排列。

例 5-5 在 sm 型设备上实现水平排列的栅格布局，效果如图 5-5 所示，代码如下。

```
<body>
<div class="container">
    <h4 class="mb-3">水平排列</h4>
    <!--在所有设备上呈水平排列-->
    <div class="row">
        <div class="col-6 border py-3 bg-light">col-6</div>
```

< 80 >

```
                <div class="col-6 border py-3 bg-light">col-6</div>
        </div>
        <!--在 sm 型设备上水平排列-->
        <div class="row">
            <div class="col-sm-8 border py-3 bg-light">col-sm-8</div>
            <div class="col-sm-4 border py-3 bg-light">col-sm-4</div>
        </div>
        <!--在 md 型设备上水平排列-->
        <div class="row">
            <div class="col-md-4 border py-3 bg-light">col-md-8</div>
            <div class="col-md-8 border py-3 bg-light">col-md-4</div>
        </div>
    </div>
</body>
```

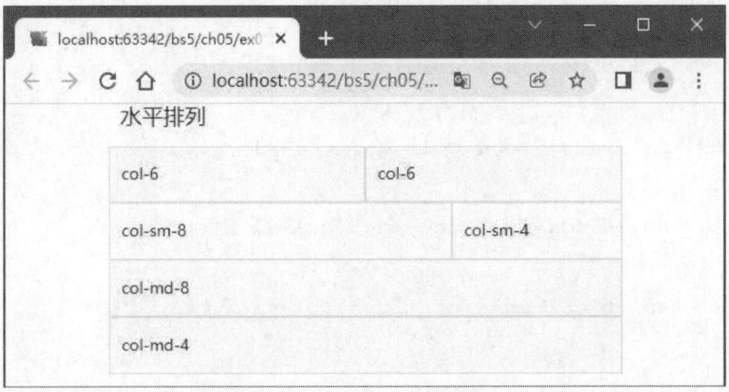

图 5-5　在 sm 型设备上实现水平排列的栅格布局效果

从以上代码中可以看出，第一行使用.col-6 类，在所有设备上呈水平排列，这就是前面讲的覆盖所有设备的情况；第二行使用.col-sm-8 类和.col-sm-4 类，当设备宽度大于 sm 型设备宽度时，两列呈水平排列；第三行和第二行类似，但要在 md 型设备上才能水平排列，图 5-5 是在 sm 型设备上的显示效果，所以从上到下堆叠显示。

如果第二行使用.col-sm-8 类和.col-sm-5 类，即列的宽度之和大于 12 列的宽度，当前行承载不下，则不会水平排列，而是堆叠显示。

5.3.3　匹配多种类型的设备

在每列上应用多种响应式布局类的组合，不同类型的设备会呈现不同的布局，这是栅格布局的典型应用。

例 5-6　匹配 4 种不同类型设备的响应式布局，代码如下。

在 lg 型设备上的显示效果如图 5-6 所示。如果是在 md 型设备上，则每行显示 3 列。从图 5-6 中可以看出，本例实现了针对不同类型设备的响应式布局。

```
<body class="container ">
<h4 class="mb-3">匹配多类设备</h4>
<!--在不同类型的设备上每行显示 2 列、3 列、4 列和 6 列-->
<div class="row">
    <div class="col-6 col-md-4 col-lg-3 col-xl-2 border py-3 bg-light">匹配 4 类
    设备</div>
    <div class="col-6 col-md-4 col-lg-3 col-xl-2 border py-3 bg-light">匹配 4 类
    设备</div>
```

< 81 >

```
        <div class="col-6 col-md-4 col-lg-3 col-xl-2 border py-3 bg-light">匹配 4 类
        设备</div>
        <div class="col-6 col-md-4 col-lg-3 col-xl-2 border py-3 bg-light">匹配 4 类
        设备</div>
        <div class="col-6 col-md-4 col-lg-3 col-xl-2 border py-3 bg-light">匹配 4 类
        设备</div>
        <div class="col-6 col-md-4 col-lg-3 col-xl-2 border py-3 bg-light">匹配 4 类
        设备</div>
        <div class="col-6 col-md-4 col-lg-3 col-xl-2 border py-3 bg-light">匹配 4 类
        设备</div>
        <div class="col-6 col-md-4 col-lg-3 col-xl-2 border py-3 bg-light">匹配 4 类
        设备</div>
        <div class="col-6 col-md-4 col-lg-3 col-xl-2 border py-3 bg-light">匹配 4 类
        设备</div>
        <div class="col-6 col-md-4 col-lg-3 col-xl-2 border py-3 bg-light">匹配 4 类
        设备</div>
        <div class="col-6 col-md-4 col-lg-3 col-xl-2 border py-3 bg-light">匹配 4 类
        设备</div>
        <div class="col-6 col-md-4 col-lg-3 col-xl-2 border py-3 bg-light">匹配 4 类
        设备</div>
    </div>
</body>
```

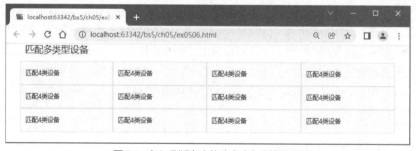

图 5-6　在 lg 型设备上的响应式布局效果

5.4　嵌套

Bootstrap 5 支持栅格的嵌套布局，在一个布局的列（栅格）中嵌入行元素就可以实现栅格的嵌套布局。

例 5-7 在 sm 型设备上实现栅格的嵌套，效果如图 5-7 所示，代码如下。

```
<body>
<h4 class="mb-3">栅格的嵌套</h4>
<div class="container">
    <div class="row">
        <div class="col-sm-3 border py-3 bg-light">
            Nav Bar
        </div>
```

< 82 >

```
            <div class="col-sm-9 border py-3 bg-light">
                <div class="row">
                    <div class="col-sm-6 border border-secondary py-3 ">image</div>
                    <div class="col-sm-6 border border-secondary py-3 ">image</div>
                </div>
                <div class="row">
                    <div class="col-sm-4 border border-secondary py-3 ">news</div>
                    <div class="col-sm-4 border border-secondary py-3 ">news</div>
                    <div class="col-sm-4 border border-secondary py-3 ">news</div>
                </div>
            </div>

        </div>
    </div>
</body>
```

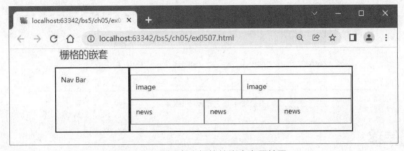

图 5-7　sm 型设备上栅格的嵌套布局效果

在嵌套栅格布局的右列中，嵌套了两行，其中第一行包括 2 列，第二行包括 3 列。图 5-7 是在 sm 型设备上的显示效果。当视口宽度小于 576px 时，栅格将从上到下堆叠显示。

5.5　列布局

列布局包括列对齐、列排序、列偏移等。列对齐指的是列（栅格）的水平或垂直对齐方式，具体可以参考第 4 章。下面重点介绍列排序和列偏移的内容。

5.5.1　列排序

列排序是指使用.order-{value}类或 order-{breakpoint}-{value} 类控制列的显示顺序，实际上就是在弹性布局中排列项目的顺序。在 Bootstrap 5 中，value 的取值范围是 0～5，需要注意的是，如果一列没有使用.order-{value}类，默认将该列排在最前。此外，.order-first 类用于将列排在最前，.order-last 类用于将列排在最后。

例 5-8　控制列的排列顺序，效果如图 5-8 所示，代码如下。

```
<body>
<div class="container">
    <h3 class="mb-4">.order-{value}类</h3>
    <div class="row">
        <div class="col order-1 py-3 border bg-light">
            order-1
        </div>
```

< 83 >

```
        <div class="col order-4 py-3 border bg-light">
            order-4
        </div>
        <div class="col py-3 border bg-light">
            未指定 order
        </div>
        <div class="col order-0 py-3 border bg-light">
            order-0
        </div>
    </div>
</div>
</body>
```

图 5-8　列的排列效果

5.5.2　列偏移

列偏移是指某列沿水平方向偏移一定距离。在 Bootstrap 5 中，使用.offset-{breakpoint}-{value}类或 margin 工具类可实现列偏移。

1．使用.offset-{breakpoint}-{value}类

.offset-{breakpoint}-{value}类用于向右移动列，即将列的左边增加 value 列。例如，.offset-lg-3 类用于在 lg 型设备上向右移动 3 列。.offset-{value}类中不带断点，用于在所有设备上偏移指定列，例如，.offset-3 类用于在所有设备上右移 3 列。

例 5-9 使用.offset-{breakpoint}-{value}类实现列偏移，效果如图 5-9 所示，代码如下。

```
<body>
<div class="container">
    <h4 class="mb-3">.offset-{breakpoint}-{value}类</h4>
    <div class="row border">
        <div class="col-sm-4 border py-3 bg-light">.col-sm-4</div>
        <div class="col-sm-4 offset-sm-4 border py-3 bg-light">.col-sm-4 .offset-
        sm-4</div>
    </div>
    <div class="row border">
        <div class="col-sm-3 offset-sm-3 border py-3 bg-light">.col-sm-3 .offset-
        sm-3</div>
        <div class="col-sm-3 offset-sm-3 border py-3 bg-light">.col-sm-3 .offset-
        sm-3</div>
    </div>
    <div class="row border">
        <div class="col-sm-6 offset-sm-3 border py-3 bg-light">.col-sm-6 .offset-
        sm-3</div>
    </div>
    <div class="row border">
```

< 84 >

```
        <div class="col-sm-6 offset-4 border py-3 bg-light">.col-sm-6 .offset-4</div>
    </div>
</div>
</body>
```

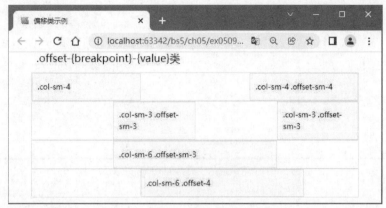

图 5-9 sm 型以上设备中列偏移的效果

2．使用 margin 工具类

margin 工具类是弹性布局中用于设置项目自身浮动的工具类，使用它可以很方便地实现列偏移，这种方式也较常用。

具体的 margin 工具类如下。

.ms-{breakpoint}-auto 类：用于为列左侧设置自动 margin。

.me-{breakpoint}-auto 类：用于为列右侧设置自动 margin。。

.mx-{breakpoint}-auto 类：用于为列的左右两侧分别设置自动 margin。

例 5-10 使用 margin 工具类实现列偏移，效果如图 5-10 所示，代码如下。

```
<body>
    <div class="container">
    <h4 class="mb-3">.m{s|e|x}-{breakpoint}-auto类</h4>
        <div class="row border">
            <div class="col-sm-4 border py-3 bg-light">.col-sm-4</div>
            <div class="col-sm-4 ms-auto border py-3 bg-light">.col-sm-4 .ms-
            auto</div>
        </div>
        <div class="row border">
            <div class="col-sm-3 ms-sm-auto border py-3 bg-light">.col-sm-3 .ms-sm-
            auto</div>
            <div class="col-sm-3 ms-sm-auto border py-3 bg-light">.col-sm-3 .ms-sm-
            auto</div>
        </div>
        <div class="row border">
            <div class="col-auto me-auto border py-3 bg-light">.col-auto .me-
            auto</div>
            <div class="col-auto border py-3 bg-light">.col-auto</div>
        </div>
        <div class="row border">
            <div class="col-6 mx-auto border py-3 bg-light">.col-6 .mx-auto</div>
        </div>
    </div>
</body>
```

< 85 >

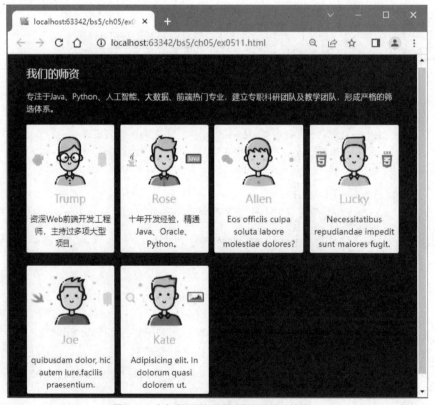

图 5-10　使用 margin 工具类实现列偏移的效果

5.6 栅格布局的应用

栅格布局是响应式页面设计的基础。使用栅格布局，再使用工具类、定义一些 CSS 样式，并结合媒体查询，可以非常方便地实现响应式页面。图 5-11 和图 5-12 分别是用栅格布局设计的响应式页面在大型设备和小型设备上的显示效果。

图 5-11　响应式页面在大型设备上的显示效果

< 86 >

图 5-12　响应式页面在小型设备上的显示效果

栅格布局的应用
（1）

1．栅格布局

使用.container 类、.row 类、.col-lg-3 类、.col-md-4 类、.col-sm-6 类创建栅格布局，代码如下。

```
<div class="container">
   <div class="row">
     <div class="col-12">
       ...
     </div>
   </div>
   <div class="row g-3">
     <div class="col-sm-6 col-md-4 col-lg-3">
       ...
     </div>
     <!--共 6 组-->
   </div>
 </div>
```

从以上代码可知，在大型及以上类型的设备上每行显示 4 列，在中型设备上每行显示 3 列，在小型设备上每行显示 2 列，在超小型设备上堆叠显示。

< 87 >

2．CSS 样式

在文本的响应式设计方面，使用媒体查询设计不同类型设备的文字大小，为栅格中的内容设计:hover 伪类选择器的样式。当鼠标指针悬浮在卡片组件上时，背景色发生变化。CSS 代码如下。

```css
<style>
    @media (min-width: 768px) {
        .fs-md-5 {
            font-size: 1rem !important;
        }
    }
    @media (min-width:992px) {
        .fs-lg-5 {
            font-size: 1.25rem !important;
        }
    }
    #group .region:hover {
        background: #219150 !important;
        transition: 0.3s linear;
    }
</style>
```

例 5-11 使用栅格布局设计响应式页面，代码如下。

```html
<!DOCTYPE html>
<html>
<head lang="en">
    <meta charset="UTF-8">
    <meta name="viewport" content="width=device-width, initial-scale=1.0" />
    <link rel="stylesheet" href="../bootstrap-5.1.3-dist/css/bootstrap.css" />
    <title></title>
    <style>
        @media (min-width: 768px) {
            .fs-md-5 {
                font-size: 1rem !important;
            }
        }
        @media (min-width:992px) {
            .fs-lg-5 {
                font-size: 1.25rem !important;
            }
        }
        #group .region:hover {
            background: #219150 !important;
            transition: 0.3s linear;
        }
    </style>
</head>
<body class="bg-dark">
    <section id="group" class="p-4">
        <div class="container">
            <div class="row">
                <div class="col-12">
                    <h3 class="text-white py-3 ">我们的师资</h3>
                    <p class="lead text-light pb-2">专注于 Java、Python、人工智能、大数
                    据、前端热门专业，建立专职科研团队及教学团队，形成严格的筛选体系。 </p>
```

< 88 >

```
                </div>
        </div>
        <div class="row g-3">
            <div class="col-sm-6 col-md-4 col-lg-3">
                <div class="region bg-light  text-center rounded-2">
                    <img src="images/head1.png" alt="" class="rounded-circle
                    img-fluid my-3" />
                    <h4 class="fs-3 text-warning">Trump</h4>
                    <p class="small fs-md-5 fs-lg-5 p-2">
                        资深 Web 前端开发工程师，主持过多项大型项目。
                    </p>
                </div>
            </div>
            <div class="col-sm-6 col-md-4 col-lg-3">
                <div class="region bg-light  text-center rounded-2">
                    <img src="images/head2.png" alt="" class="rounded-circle
                    img-fluid my-3" />
                    <h4 class="fs-3 text-warning">Rose</h4>
                    <p class="small fs-md-5 fs-lg-5 p-2">
                        十年开发经验，精通 Java、Oracle、Python。
                    </p>
                </div>
            </div>
            <div class="col-sm-6 col-md-4 col-lg-3">
                <div class="region bg-light  text-center rounded-2">
                    <img src="images/head3.png" alt="" class="rounded-circle
                    img-fluid my-3" />
                    <h4 class="fs-3 text-warning">Allen</h4>
                    <p class="small fs-md-5 fs-lg-5 p-2">
                        Eos officiis culpa soluta labore molestiae dolores?
                    </p>
                </div>
            </div>
            <div class="col-sm-6 col-md-4 col-lg-3">
                <div class="region bg-light  text-center rounded-2">
                    <img src="images/head4.png" alt="" class="rounded-circle
                    img-fluid my-3" />
                    <h4 class="fs-3 text-warning">Lucky</h4>
                    <p class="small fs-md-5 fs-lg-5 p-2">
                        Necessitatibus repudiandae impedit sunt maiores fugit.
                    </p>
                </div>
            </div>
            <div class="col-sm-6 col-md-4 col-lg-3">
                <div class="region bg-light  text-center rounded-2">
                    <img src="images/head5.jpg" alt="" class="rounded-circle
                    img-fluid my-3" />
                    <h4 class="fs-3 text-warning">Joe</h4>
                    <p class="small fs-md-5 fs-lg-5 p-2">
                        quibusdam dolor, hic autem iure.facilis praesentium.
                    </p>
                </div>
            </div>
            <div class="col-sm-6 col-md-4 col-lg-3">
                <div class="region bg-light  text-center rounded-2">
```

< 89 >

```
            <img src="images/head6.jpg" alt="" class="rounded-circle
            img-fluid my-3" />
            <h4 class="fs-3 text-warning">Kate</h4>
            <p class="small fs-md-5 fs-lg-5 p-2">
                Adipisicing elit. In dolorum quasi dolorem ut.</p>
        </div>
      </div>
    </div>
  </div>
  </section>
  <script src="../bootstrap-5.1.3-dist/js/bootstrap.bundle.js"></script>
</body>
</html>
```

习题

1. 简答题

（1）视口与浏览器窗口有什么区别？

（2）栅格布局遵循的原则是什么？

（3）使用栅格系统实现响应式页面布局，主要使用哪些类？

（4）什么是自动宽度列？可使用哪些类实现？

（5）实现栅格的列偏移需要使用哪些类？通过示例加以说明。

2. 操作题

（1）使用栅格系统实现响应式页面布局的代码如下。在视口宽度为 576～768px 时，显示效果如图 5-13 所示。分析代码，在视口宽度大于或等于 768px 时，显示效果如何？在视口宽度小于 576px 时，显示效果又如何？

```
<body>
<div class="container">
  <div class="row">
      <div class="col-12 col-sm-6 col-md-8">.col-12 .col-sm-6 .col-md-8</div>
      <div class="col-6 col-sm-6 col-md-4">.col-6 .col-md-4</div>
  </div>
  <div class="row">
      <div class="col-6 col-sm-4">.col-6 .col-sm-4</div>
      <div class="col-6 col-sm-4">.col-6 .col-sm-4</div>
  </div>
</div>
</body>
```

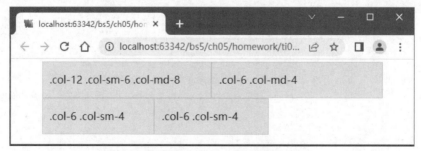

图 5-13　视口宽度为 576～768px 时的显示效果

< 90 >

（2）使用栅格系统实现如图 5-14 所示的响应式页面布局效果，在 xs 型设备上堆叠显示，在 sm 型设备上每行显示 3 列，在 md 型及以上类型设备上每行显示 4 列。

图 5-14　在 md 型设备上的显示效果

< 91 >

第6章 Bootstrap 5 的组件（一）

组件是基于 HTML 基本元素设计的可重复使用的对象。使用 Bootstrap 5 的组件，可以提高网页的开发效率，这样更有利于提升用户的体验。一些具有动态效果的组件通常需要 JavaScript 的支持，在 Bootstrap 3 及之前的版本中，它们一般被称为插件。在 Bootstrap 5 中，不再严格区分组件和插件。

本章主要介绍下面的内容。

- 按钮和按钮组。
- 导航和导航条。
- 徽章。
- 列表组和分页。
- 进度条和卡片。

6.1 按钮和按钮组

按钮和按钮组

6.1.1 按钮

按钮是 Bootstrap 5 中常用的组件。Bootstrap 5 优化了按钮的样式，任何应用.btn 类的元素，例如 div、span、a 等元素，都会继承圆角灰色按钮的默认外观，并且可以通过一些样式类来定义按钮的样式。Bootstrap 5 提供的有关按钮的样式类如下。

.btn 类：用于为按钮添加基本样式，包括 display、font-weight、line-height、color、text-align、text-decoration、cursor 等属性。

.btn-primary 类：表示主要的按钮，蓝色。

.btn-secondary 类：表示次要的按钮，灰色。

.btn-success 类：表示成功的按钮，绿色。

.btn-info 类：表示弹出信息的按钮，浅蓝色。

.btn-warning 类：表示需要谨慎操作的按钮，黄色。

.btn-danger 类：表示危险的按钮，红色。

.btn-light 类：浅色。

.btn-dark 类：黑色。

例 6-1 应用 button、a、div、span 等不同元素定义按钮，并设置按钮的样式，代码如下。

```
<body>
<div class="container mt-3">
    <button class="btn border">.btn</button>
    <a class="btn btn-primary" href="#">Primary</a>
```

```
    <a class="btn btn-secondary" href="#" >Secondary</a>
    <div class="btn btn-danger">Danger</div>
    <span class="btn btn-dark">Dark</span>
    <input type="button" class="btn btn-info" value="Info">
</div>
</body>
```

按钮在浏览器中的显示效果如图 6-1 所示。第一个按钮使用代码<button class="btn border">…</button>描述，为按钮添加一个.border 类，这是因为单一的<button class="btn">…</button>不显示按钮的特征，.btn 类要和按钮的样式类一起使用才能实现不同风格的按钮。

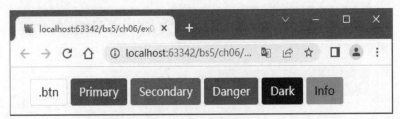

图 6-1　按钮的显示效果

使用.btn-lg 类和.btn-sm 类可以制作大按钮和小按钮；使用.active 类和.disabled 类可以设置按钮的激活和禁用状态；使用.btn-outline-primary、.btn-outline-success、.btn-outline-info、.btn-outline-warning 等类可以为按钮添加边框。

例 6-2 为不同大小的按钮添加边框，并设置按钮的状态，效果如图 6-2 所示，代码如下。

```
<body>
<div class="container mt-3">
    <div class="btn btn-primary">Primary</div>
    <div class="btn btn-outline-primary">Outline</div>
    <div class="btn btn-primary active">Active</div>
    <div class="btn btn-primary disabled">Disabled</div>
    <button class="btn btn-secondary btn-lg" >Btn-lg</button>
    <button class="btn btn-danger btn-sm">Btn-sm</button>
</div>
</body>
```

图 6-2　设置不同边框、状态和大小的按钮

Bootstrap 5 还通过 jQuery 扩展了按钮的功能，例如，为按钮添加一些交互状态。具有交互状态的按钮也称按钮插件，按钮插件由 Bootstrap 5 的脚本文件 button.js 实现，类似的.js 文件可以在 Bootstrap 5 的源码中找到。

为按钮元素添加代码 data-bs-toggle="button"来切换按钮的激活状态。如果想要切换按钮状态，则需要先添加.active 类。

例 6-3 切换按钮状态，效果如图 6-3 所示，代码如下。

```
<body>
<div class="container mt-2">
```

< 93 >

```
    <button type="button" class="btn btn-primary" data-bs-toggle="button"
    autocomplete="off">触发状态按钮</button>
    <button type="button" class="btn btn-primary active" data-bs-toggle="button"
    autocomplete="off">激活状态按钮</button>
    <button type="button" class="btn btn-primary" data-bs-toggle="button"
    disabled autocomplete="off">禁用状态按钮</button>
</div>
<script src="../bootstrap-5.1.3-dist/js/bootstrap.bundle.js"></script>
</body>
```

图 6-3　切换按钮状态的效果

切换按钮状态也可以通过下面的 JavaScript 代码实现。但需要先导入 jQuery 框架，并且删除触发按钮状态的代码 data-bs-toggle="button"。

```
<script>
    $(function () {
        $(".btn").click(function () {
            $(this).button('toggle')
        });
    });
</script>
```

6.1.2　按钮组

按钮组用于把一组按钮组合在一起。按钮组与按钮联合使用，可以实现类似单选按钮或复选框的样式和行为。

将一组按钮对应的代码放入代码 <div class="btn-group">…</div>中就可以实现按钮组。如果将按钮组对应的代码放入代码<div class="btn-toolbar"> …</div>中，则可以实现更复杂的工具栏按钮组。

例 6-4　创建基本按钮组、按钮组和工具栏按钮组，效果如图 6-4 所示，代码如下。

```
<body>
<div class="container mt-3">
    <h4>基本按钮组</h4>
    <div class="btn-group mb-2">
        <button type="button" class="btn btn-warning">new</button>
        <button type="button" class="btn btn-primary">open</button>
        <button type="button" class="btn btn-success">save</button>
    </div>
    <h4>按钮组·大按钮</h4>
    <div class="btn-group btn-group-lg mb-2">
        <button type="button" class="btn btn-primary">Left</button>
        <button type="button" class="btn btn-secondary">Center</button>
        <button type="button" class="btn btn-dark">Right</button>
    </div>
    <h4>工具栏按钮组</h4>
```

< 94 >

```
        <div class="btn-toolbar">
            <div class="btn-group me-2">
                <button type="button" class="btn btn-info">copy</button>
                <button type="button" class="btn btn-info">cut</button>
                <button type="button" class="btn btn-info">paste</button>
            </div>
            <div class="btn-group">
                <button type="button" class="btn btn-primary">1</button>
                <button type="button" class="btn btn-primary">2</button>
                <button type="button" class="btn btn-primary">3</button>
                <button type="button" class="btn btn-primary">4</button>
            </div>
        </div>
    </div>
</body>
```

图 6-4　创建的不同按钮组

将类似复选框和单选按钮的按钮组合在一起，可以构成复选框按钮组和单选按钮组。

例 6-5　创建复选框按钮组和单选按钮组，效果如图 6-5 所示，代码如下。

```
<body>
<div class="container mt-3">
    <h4>复选框按钮组</h4>
    <div class="btn-group mb-2">
        <input type="checkbox" class="btn-check" id="btncheck1">
        <label class="btn btn-outline-primary" for="btncheck1">File</label>
        <input type="checkbox" class="btn-check" id="btncheck2" >
        <label class="btn btn-outline-primary" for="btncheck2">Edit</label>
        <input type="checkbox" class="btn-check" id="btncheck3">
        <label class="btn btn-outline-primary" for="btncheck3">View</label>
    </div>
    <h4>单选按钮组</h4>
    <div class="btn-group mb-2">
        <input type="radio" class="btn-check" name="btnradio" id="btnradio1" checked>
        <label class="btn btn-outline-primary" for="btnradio1">Radio 1</label>
        <input type="radio" class="btn-check" name="btnradio" id="btnradio2">
        <label class="btn btn-outline-primary" for="btnradio2">Radio 2</label>
        <input type="radio" class="btn-check" name="btnradio" id="btnradio3">
        <label class="btn btn-outline-primary" for="btnradio3">Radio 3</label>
    </div>
</div>
</body>
```

< 95 >

图 6-5　复选框按钮组和单选按钮组的效果

代码 <div class="btn-group-vertical" >…</div>可用于创建垂直排列的按钮组。使用下面的代码，将 input 元素置于 label 元素内部，可实现另一种效果的单选按钮组或复选框按钮组，可自行尝试。

```
<div class="btn-group" >
    <label class="btn btn-warning btn-lg">
        <input type="radio" name="aoption" id="option1">单选按钮 1
    </label>
    <label class="btn btn-warning btn-lg">
        <input type="radio" name="aoption" id="option2">单选按钮 2
    </label>
    <label class="btn btn-warning btn-lg">
        <input type="radio" name="aoption" id="option3">单选按钮 3
    </label>
</div>
```

6.2 导航

6.2.1 创建导航

Bootstrap 5 中的所有导航组件均使用.nav 类来实现。导航通常以列表为基础进行设计，在 ul 元素上应用.nav 类，在列表项元素 li 上应用.nav-item 类，在其中的链接上应用.nav-link 类，用来定义导航的样式。

例 6-6 使用.nav 类创建导航，效果如图 6-6 所示，代码如下。

```
<body class="container">
<h4>.nav 导航</h4>
<ul class="nav">
    <li class="nav-item"><a class="nav-link active" href="#">Add</a></li>
    <li class="nav-item"><a class="nav-link" href="#">Modify</a></li>
    <li class="nav-item"><a class="nav-link disabled" href="#">Delete</a></li>
    <li class="nav-item"><a class="nav-link" href="#">Edit</a></li>
</ul>
</body>
```

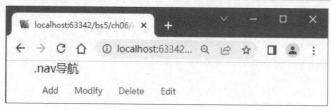

图 6-6　使用.nav 类创建的导航

< 96 >

默认情况下，导航是左对齐的，使用弹性布局的.justify-content-center 类可以设置导航居中对齐，使用.justify-content-end 类可以设置导航右对齐。还可以使用.flex-column 类设置导航垂直显示，上述弹性布局类均支持响应式页面设计。

6.2.2 两种不同样式的导航

要为导航设置不同的样式，在为 ul 元素添加.nav 类后，再添加.nav-tabs 类或.nav-pills 类即可。其中，.nav-tabs 类用于实现选项卡样式的导航，.nav-pills 类用于实现胶囊样式的导航。

例 6-7 实现两种不同样式的导航，效果如图 6-7 所示，代码如下。

```
<body>
<div class="container">
    <h4>.nav-tabs 导航</h4>
    <ul class="nav nav-tabs">
        <li class="nav-item"><a class="nav-link" href="#">Add</a></li>
        <li class="nav-item"><a class="nav-link" href="#">Modify</a></li>
        <li class="nav-item"><a class="nav-link" href="#">Delete</a></li>
        <li class="nav-item"><a class="nav-link" href="#">Edit</a></li>
    </ul>

    <h4 class="mt-5">.nav-pills 导航</h4>
    <ul class="nav nav-pills">
        <li class="nav-item"><a class="nav-link" href="#">用户输入</a></li>
        <li class="nav-item"><a class="nav-link active" href="#">系统处理</a></li>
        <li class="nav-item"><a class="nav-link" href="#">打印输出</a></li>
    </ul>
</div>
</body>
```

图 6-7 两种不同样式的导航

6.2.3 标签页

标签页基于导航组件实现，在 Bootstrap 3 中称为标签页插件，也称为选项卡。标签页插件由 Bootstrap 5 的脚本文件 tab.js 实现，其典型的应用场景是页面空间有限，且需分类显示多项内容。通过设置标签页的 data 属性，用户可以方便地创建标签式页面。

例 6-8 创建标签页，单击不同的标签，可以显示不同的内容，效果如图 6-8 所示，代码如下。

```
<body>
<div class="container mb-2">
    <ul id="mytab" class="nav nav-pills mb-3">
        <li class="nav-item active">
            <a class="nav-link" href="#tab1" data-bs-toggle="tab">金石滩</a>
```

< 97 >

```
        </li>
        <li class="nav-item">
            <a class="nav-link" href="#tab2" data-bs-toggle="tab">老虎滩</a></li>
        <li class="nav-item">
            <a class="nav-link" href="#tab3" data-bs-toggle="tab">星海湾</a></li>
        <li class="nav-item">
            <a class="nav-link" href="#tab4" data-bs-toggle="tab">棒槌岛</a></li>
    </ul>
    <div class="tab-content">
        <div class="tab-pane active" id="tab1">
            <h5>金石滩</h5>
            <img src="img/te1.jpg">
        </div>
        <div class="tab-pane" id="tab2">
            <h5>老虎滩</h5>
            <img src="img/te2.jpg">
        </div>
        <div class="tab-pane" id="tab3">
            <h5>星海湾</h5>
            <img src="img/te3.jpg">
        </div>
        <div class="tab-pane" id="tab4">
            <h5>棒槌岛</h5>
            <img src="img/te4.jpg">
        </div>
    </div>
</div>
<script src="../bootstrap-5.1.3-dist/js/bootstrap.bundle.js"></script>
</body>
```

图6-8　创建的标签页

标签页由两部分组成，分别是标签页（导航）部分和与标签页对应的内容部分。

标签页部分通常由列表实现，为 ul 元素或 ol 元素添加.nav 类，再添加.nav-tabs 或.nav-pills 类，可实现标签页的样式，列表项中的 a 元素需要加上 data-bs-toggle="tab" 触发器，并且链接属性 href 的值需要和相应内容部分的 id 值对应。

内容部分包含在代码 <div class="tab-content" >…</div>内部，由若干个 div 元素组成。除显示当前标签内容的 div 元素外，div 元素都是隐藏的。每个标签的内容需要包含在<div class="tab-pane" id="tab1">…</div>内部，其中 tab1 是 div 元素的 id 值，必须为 div 元素设置一个 id，用于与标签页的 href 属性值对应。

< 98 >

标签页中的链接也可以使用按钮实现，代码如下。

```
<ul id="mytab" class="nav nav-pills mb-3">
    <li class="nav-item active">
        <button class="nav-link active" data-bs-toggle="tab" data-bs-target=
        "#tab1" type="button" >金石滩</button>
    </li>
    <li class="nav-item">
        <button class="nav-link " data-bs-toggle="tab" data-bs-target="#tab2"
        type="button" >老虎滩</button>
    </li>
    <li class="nav-item">
        <button class="nav-link " data-bs-toggle="tab" data-bs-target="#tab3"
        type="button" >星海湾</button>
    </li>
    <li class="nav-item">
        <button class="nav-link " data-bs-toggle="tab" data-bs-target="#tab4"
        type="button" >棒槌岛</button>
    </li>
</ul>
```

使用 jQuery 可以实现标签页之间的切换。除了使用代码 data-bs-toggle="tab"定义标签页的触发器外，Bootstrap 5 允许直接使用 jQuery 代码实现同样的功能。下面是激活标签页的 JavaScript 代码。但要注意，触发组件代码中的所有 data-bs-toggle ="tab" 应当删除。

```
<script>
    $('#mytab a').click(function (e) {
        e.preventDefault()
        $(this).tab('show')
    })
</script>
```

6.3 导航条

导航条（navbar）是 Bootstrap 5 响应式布局的重要组件，用于实现类似菜单的功能。导航条支持响应式布局，在移动设备的窗口中是可折叠的，随着窗口宽度的增加，导航条会呈现水平展开的样式。

6.3.1 创建基本样式导航条

创建导航条

使用 Bootstrap 5 创建一个基本导航条的步骤如下。

① 添加一个 nav 元素或 div 元素，使其成为导航条的容器。向导航条容器添加.navbar 类和.navbar-expand-{sm|md|lg|xl|xll}类，这样可以保证在设备宽度小于指定宽度时，隐藏导航条的内容，并在设备宽度大于等于指定宽度时，导航条展开显示。

② 导航条内容的 div 元素使用.container 类或.container-fluid 类描述，用于设置导航条的宽度。

③ 设置导航条的标题。在导航条内添加一个.navbar-brand 类描述的 a 元素，作用是设置标题，内容突出显示。

④ 设置导航条内容。外层容器使用.navbar-collapse 类，这个类用于设置弹性布局的一些属性。然后使用 ul 元素定义导航条，为其添加.navbar-nav 类，为列表元素 li 添加.nav-item 类，为其中的链接 a

< 99 >

元素添加.nav-link 类，用于定义导航条内容的样式。

例6-9 创建一个基本导航条，效果如图 6-9 所示，代码如下。

```
<body>
<nav class="navbar navbar-expand navbar-light bg-light">
    <div class="container-fluid">
        <a class="navbar-brand fs-4" href="#">魅力滨城</a>
        <div class="navbar-collapse">
            <ul class="navbar-nav me-auto">
            <li class="nav-item"><a class="nav-link" href="#services">城市简介</a></li>
            <li class="nav-item"><a class="nav-link" href="#about">城市亮点</a></li>
            <li class="nav-item"><a class="nav-link" href="#gallery">核心景区</a></li>
            <li class="nav-item"><a class="nav-link" href="#contact">联系方式</a></li>
            </ul>
            <ul class="navbar-nav">
                <li class="nav-item"><a class="nav-link" href="#">登录</a></li>
                <li class="nav-item"><a class="nav-link" href="#">注册</a></li>
            </ul>
        </div>
    </div>
</nav>
<script src="../bootstrap-5.1.3-dist/js/bootstrap.bundle.js"></script>
</body>
```

图6-9 创建的基本导航条

6.3.2 创建响应式导航条

当浏览器窗口或视口缩小到一定宽度时，例 6-9 中创建的导航条会被折叠，响应式导航条可以解决这一问题。在例 6-9 的基础上，创建响应式导航条的要点如下。

① 要实现导航条的折叠或隐藏，需要在导航条内添加一个用.navbar-toggler 类描述的 button 元素。并且 button 元素中使用<span class="navbar-toggler-icon"></span>描述折叠按钮的样式。

② 创建响应式导航按钮的代码如下。

```
<button class="navbar-toggler" type="button" data-bs-toggle="collapse" data-
bs-target="#nav1">
    <span class="navbar-toggler-icon"></span>
</button>
```

③ button 元素的 data-bs-toggle 属性用于指定按钮触发器，data-bs-target 用于指定触发的响应目标，这个目标是导航条的内容。

例6-10 创建响应式导航条，效果如图 6-10 所示，代码如下。

```
<body>
<nav class="navbar navbar-expand-md navbar-light bg-light">
    <div class="container-fluid">
        <a class="navbar-brand fs-4" href="#">魅力滨城</a>
```

< 100 >

```
<button class="navbar-toggler" type="button" data-bs-toggle="collapse"
data-bs-target="#nav1">
<span class="navbar-toggler-icon"></span>
</button>
<div class="collapse navbar-collapse" id="nav1">
    <ul class="navbar-nav me-auto">
    <li class="nav-item"><a class="nav-link" href="#services">城市简介</a></li>
    <li class="nav-item"><a class="nav-link" href="#about">城市亮点</a></li>
    <li class="nav-item"><a class="nav-link" href="#gallery">核心景区</a></li>
    <li class="nav-item"><a class="nav-link" href="#contact">联系方式</a></li>
    </ul>
    <ul class="navbar-nav">
        <li class="nav-item"><a class="nav-link"  href="#">登录</a></li>
        <li class="nav-item"><a class="nav-link"  href="#">注册</a></li>
    </ul>
</div>
    </div>
</nav>
<script src="../bootstrap-5.1.3-dist/js/bootstrap.bundle.js"></script>
</body> >
```

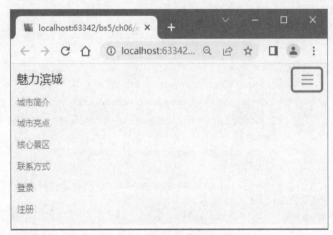

图 6-10 创建的响应式导航条

在例 6-10 中，折叠导航条的 id 值为 nav1。为 button 元素添加代码 data-bs-target="#nav1"，表示按钮控制的是 id 值为 nav1 的 div 元素。单击该导航按钮，即可显示导航条内容。

例 6-10 与例 6-9 比较，修改的代码包括以下几处：一是导航条的定义使用的是.navbar-expand-md类，而不是.navbar-expand 类，目的是在 md 型以下设备中实现折叠效果；二是添加折叠按钮，如前所述；三是为描述内容的 div 元素设置 id 值，用于触发目标；四是引入 bootstrap.bundle.js 文件，导航条的展开和折叠需要该插件的支持。

6.3.3 在导航条中添加表单和下拉菜单

一些导航条还包括搜索表单和下拉菜单，例 6-11 给出了添加表单和下拉菜单的代码。其中，form 元素是一个简单的搜索表单，为其应用.d-flex 类并设置为弹性布局；代码<li class="nav-item dropdown">…</li>中定义了下拉菜单。

下拉菜单的实现在第 7 章中介绍，这里了解导航条的基本结构即可。

< 101 >

例 6-11 在导航条中添加表单和下拉菜单，效果如图 6-11 所示，代码如下。

```html
<body>
<nav class="navbar navbar-expand-md navbar-light bg-light">
    <div class="container-fluid">
        <a class="navbar-brand fs-4" href="#">魅力滨城</a>
        <button class="navbar-toggler" type="button" data-bs-toggle="collapse"
        data-bs-target="#nav1">
            <span class="navbar-toggler-icon"></span>
        </button>
        <div class="collapse navbar-collapse" id="nav1">
            <ul class="navbar-nav">
            <li class="nav-item"><a class="nav-link" href="#services">城市简介</a></li>
            <li class="nav-item"><a class="nav-link" href="#about">城市亮点</a></li>
            <li class="nav-item"><a class="nav-link" href="#gallery">核心景区</a></li>
            <li class="nav-item"><a class="nav-link" href="#contact">联系方式</a></li>
            </ul>
            <form class="d-flex me-auto">
                <input class="form-control me-2" type="search" placeholder="Search">
                <button class="btn btn-outline-success" type="submit">Submit</button>
            </form>
            <ul class="navbar-nav">
                <li class="nav-item dropdown">
                    <a class="nav-link dropdown-toggle" href="#" data-bs-toggle="dropdown">
                        帮助
                    </a>
                    <ul class="dropdown-menu me-5">
                        <li><a class="dropdown-item" href="#">关于…</a></li>
                        <li><a class="dropdown-item" href="#">索引…</a></li>
                        <li>
                            <p class="dropdown-divider">
                        </li>
                        <li><a class="dropdown-item" href="#">问题反馈</a></li>
                    </ul>
                </li>
                <li class="nav-item"><a class="nav-link" href="#">登录</a></li>
                <li class="nav-item"><a class="nav-link" href="#">注册</a></li>
            </ul>
        </div>
    </div>
</nav>
<script src="../bootstrap-5.1.3-dist/js/bootstrap.bundle.js"></script>
</body>
```

图 6-11　添加表单和下拉菜单后的导航条

< 102 >

6.4 徽章

徽章（badge）用于突出显示页面上的新消息或未读消息，它的边角呈圆滑状态。使用徽章时，只需要把代码 <span class="badge">…</span> 添加到链接、Bootstrap 导航等元素上即可。在定义徽章时，使用背景色工具类和圆角工具类可以实现突出显示的效果。

例 6-12 应用徽章类，效果如图 6-12 所示，代码如下。

```
<body class="container">
<h3>徽章类的使用</h3>
<div class="my-2">
    <button class="btn btn-primary">
        未发送消息<span class="badge">5</span>
    </button>
</div>
<div class="my-2">
    <button class="btn bg-warning">
        已发送消息<span class="badge rounded-pill bg-primary">12</span>
    </button>
</div>
<div class="my-2">
    <a class="text-decoration-none fs-6">
        未读消息<span class="badge bg-info text-dark ms-2">5</span>
    </a>
</div>
<h4 class="fs-6">
    邮件模板<span class="badge bg-primary text-light ms-2">NEW</span>
</h4>
</body>
```

图 6-12　徽章类的应用效果

6.5 列表组和分页

6.5.1 列表组

列表组（list group）用于以列表形式呈现复杂的或自定义的内容。

1. 创建列表组

创建一个基本列表组的步骤如下。

< 103 >

① 为 ul、ol、div 等容器元素添加.list-group 类。

② 为列表项添加.list-group-item 类。

例 6-13 使用 ul 和 li 元素创建列表组，效果如图 6-13 所示，代码如下。

```
<body>
<ul class="list-group m-2">
    <li class="list-group-item">
        <h4>列表组</h4>
        <p> 列表组是灵活又强大的组件，不仅能用于显示一组简单的元素，还能用于显示复杂的定制内容。
        </p>
    </li>
    <li class="list-group-item active">
        <h4> 按钮组</h4>
        <p>把一组按钮组合在一起，通过与按钮插件联合使用，可以实现类似单选按钮或复选框的样式和行为。
        </p>
    </li>
    <li class="list-group-item">
        <h4>输入框组</h4>
        <p>扩展自表单控件，用户可以很容易地向基于文本的输入框添加作为前缀和后缀的文本或按钮。
        </p>
    </li>
    <li class="list-group-item">
        <h4> 导航组件</h4>
        <p>使用nav 类来实现。基于不同的导航样式要求，为列表添加.nav-tabs 类或.nav-pills 类即可。
        </p>
    </li>
</ul>
</body>
```

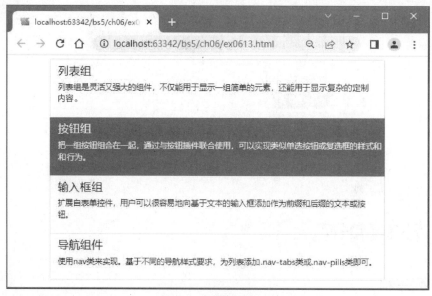

图 6-13　创建的列表组

列表组还可以使用 div 元素、a 元素创建，代码如下，页面效果与图 6-13 相同。

```
<div class="list-group m-2">
    <a class="list-group-item" href="#">
```

< 104 >

```
        <h4>列表组</h4>
        <p>
            列表组是灵活又强大的组件，不仅能用于显示一组简单的元素，还能用于显示复杂的定制内容。
        </p>
    </a>
    <a class="list-group-item active" href="#">
        <h4>按钮组</h4>
        <p>
            把一组按钮组合在一起，通过与按钮插件联合使用，可以实现类似单选按钮或复选框的样式和行为。
        </p>
    </a>
    ...
</div>
```

2. 控制列表组的样式

Bootstrap 5 为列表组设计了不同的样式类，可以根据不同的场景来选择使用。常用的样式类如下。

- 定义列表项颜色的.list-group-item-primary 类、.list-group-item-secondary 类、.list-group-item-success 类等。
- 激活列表项的.active 类，禁用列表项的.disabled 类。
- 在列表项中添加徽章的.badge 类。
- 去除列表项边框和圆角的.list-group-flush 类，该类需要作用在外层容器上。

例 6-14 应用列表组样式类，效果如图 6-14 所示，代码如下。

```
<body class="container">
<div class="list-group list-group-flush m-2" >
    <a class="list-group-item list-group-item-success">
        <h4>.list-group-item-success 类</h4>
        <p>.list-group-item-primary 类、.list-group-item-secondary 类、.list-group-
        item-success 类等用于定义列表项颜色 </p>
    </a>
    <a class="list-group-item active">
        <h4>.active 类</h4>
        <p>.active 类用于激活列表项</p>
    </a>
    <a class="list-group-item disabled">
        <h4>.disabled 类</h4>
        <p>.disabled 类用于禁用列表项</p>
    </a>
    <a class="list-group-item">
        <h4>.list-group-flush 类</h4>
        <p>.list-group-flush 类应用在列表组的外层容器上，用于去除列表项边框和圆角 </p>
    </a>
    <a class="list-group-item">
        <h4>.list-group-flush 类</h4>
        <p>.list-group-flush 类应用在列表组的外层容器上，用于去除列表项边框和圆角 </p>
    </a>
</div>
</body>
```

< 105 >

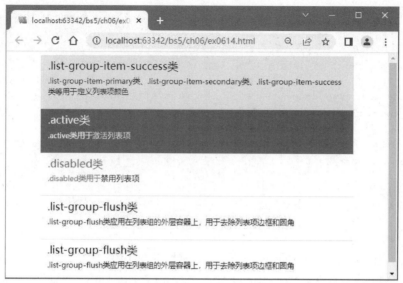

图6-14 列表组样式类的应用效果

6.5.2 分页

分页（pagination）是一种无序列表，Bootstrap 5 像处理其他页面元素一样处理分页。Bootstrap 5 的.pagination 类实现了一种比较美观的分页样式，还可以使用.pagination-lg 类或.pagination-sm 类得到更大或更小的分页。默认状态下，分页是左对齐的，可以使用弹性布局的.justify-content-center 类和.justify-content-end 类设置居中对齐和右对齐。

例6-15 应用分页，效果如图 6-15 所示，代码如下。

```
<body>
<div class="container mt-2">
    <h4 class="my-4">默认左对齐的分页组件</h4>
    <ul class="pagination">
        <li class="page-item"><a class="page-link" href="">&laquo;</a></li>
        <li class="page-item"><a class="page-link" href="">1 页</a></li>
        <li class="page-item"><a class="page-link" href="">2 页</a></li>
        <li class="page-item"><a class="page-link" href="">3 页</a></li>
        <li class="page-item"><a class="page-link" href="">4 页</a></li>
        <li class="page-item"><a class="page-link" href="">&raquo;</a></li>
    </ul>
    <h4 class="my-4">右对齐，小按钮的分页组件</h4>
    <ul class="pagination pagination-sm justify-content-end">
        <li class="page-item"><a class="page-link" href="">&laquo;</a></li>
        <li class="page-item"><a class="page-link" href="">Page 1</a></li>
        <li class="page-item"><a class="page-link" href="">Page 2</a></li>
        <li class="page-item"><a class="page-link" href="">Page 3</a></li>
        <li class="page-item"><a class="page-link" href="">Page 4</a></li>
        <li class="page-item"><a class="page-link" href="">&raquo;</a></li>
    </ul>
</div>
</body>
```

< 106 >

图6-15　分页的应用效果

6.6　进度条

进度条（progress bars）通常用于文件上传/下载过程、内容加载过程等，Bootstrap 5 提供了多种进度条样式供选择。需要注意的是，Bootstrap 5 仅提供进度条的样式控制功能，动态进度条的速度控制需要使用服务器端程序实现。创建进度条的步骤如下。

① 添加一个带有.progress 类的 div 元素。

② 在该 div 元素内，添加一个带有.progress-bar 类的空的 div 元素，并控制该层 div 元素的宽度百分比。

例 6-16　创建进度条，效果如图 6-16 所示，代码如下。

```
<body>
<div class="container">
   <div class="progress my-3">
      <div class="progress-bar bg-primary" style="width:60%">
         <span>60%Complete(primary)</span>
      </div>
   </div>
   <div class="progress my-3">
      <div class="progress-bar bg-success progress-bar-striped" style="width: 40%">
         <span>40% Complete(success)</span>
      </div>
   </div>
   <div class="progress my-3">
      <div class="progress-bar bg-info progress-bar-striped w-25">
         <span>25% Complete(info)</span>
      </div>
   </div>
   <div class="progress" style="height: 30px">
      <div class="progress-bar progress-bar-striped active w-50" >
         <span class="sr-only">25% Complete, 设置进度条高度 30px</span>
      </div>
   </div>
</div>
</body>
```

< 107 >

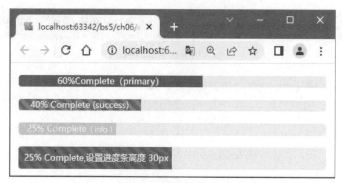

图 6-16　创建的进度条

可以使用.bg-success、.bg-info、.bg-warning、.bg-danger 等类为进度条设置背景颜色。.progress-striped
类用于创建一个带条纹的进度条。

6.7　卡片

Bootstrap 5 的卡片组件是一种灵活的、可扩展的内容容器，其中包含多种可变的选项。借助卡片，
使用尽可能少的标记和样式，可以方便地设置对齐方式，并与其他的 Bootstrap 5 组件混合使用。Bootstrap
3 中的 panel、thumbnail、well 等组件被卡片组件取代，相似的功能可以通过卡片组件实现。

6.7.1　创建卡片

一个完整的卡片组件包括页眉、页脚、图片、主体、列表组等部分。卡片中的图片指的是页眉下
面的图片，与卡片组件的宽度相同。卡片的主体可包含标题和文本。

例 6-17　创建卡片组件，效果如图 6-17 所示，代码如下。

```
<body>
<div class="container mt-2">
    <div class="card" style="width: 20rem;">
        <div class="card-header">
          Card Header
        </div>
        <img src="img/te1.jpg" class="card-img-top" alt=""/>
        <div class="card-body">
            <h5 class="card-title">Card Title</h5>
            <h6 class="card-subtitle mb-2 text-muted">Card Subtitle</h6>
            <p class="card-text">Some quick example text to build on the card title
            and make up the bulk of the card's content.</p>
            <!--<img src="img/te2.jpg" class="card-img" alt=""/>-->
            <a href="#" class="card-link">Card link1</a>
            <a href="#" class="card-link">Card link2</a>
        </div>
        <ul class="list-group list-group-flush">
            <li class="list-group-item">List item 1</li>
            <li class="list-group-item">List item 2</li>
            <li class="list-group-item">List item 3</li>
        </ul>
        <div class="card-footer text-muted">
```

< 108 >

```
              Card Footer
          </div>
      </div>
  </div>
</body>
```

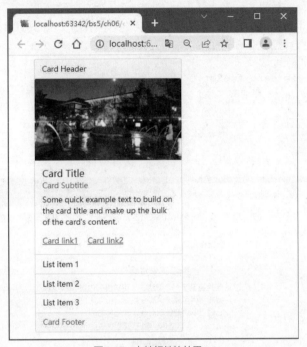

图 6-17　卡片组件的效果

在例 6-17 创建的卡片组件中，主要使用了下面的类。

.card 类：用作卡片的容器，使用弹性布局，默认宽度是 100%，并且设置了背景颜色、边框、圆角等属性。

.card-header 类和.card-footer 类：用于设置卡片的页眉、页脚的样式，包括边框、背景颜色、外边距和内边距等属性。

.card-img 类、.card-img-top 类和.card-img-bottom 类：用于设置卡片中图片的宽度为 100%，并设置卡片的顶部和底部的圆角。

.card-body 类：用于创建卡片的主体内容，设置了弹性布局属性和内边距属性。

.card-title 类和.card-subtitle 类：用于为卡片添加标题和副标题，主要设置的是上、下外边距属性。

.card-text 类和.card-link 类：用于设置卡片文本和链接的外边距属性。

6.7.2　卡片的组成元素

创建卡片组件时，很多情况下并不需要使用完整的卡片结构，使用卡片的一个或几个元素即可，下面通过示例说明卡片的组成元素。

1．卡片的页眉和页脚

例 6-18　制作课程学习卡片，效果如图 6-18 所示，代码如下。

```
<body>
<div class="container mt-2">
    <div class="card m-auto" style="width: 20rem;">
```

< 109 >

```
        <div class="card-header">
          Bootstrap 5
        </div>
        <div class="card-body text-center">
          <h5 class="card-title">新增的卡片组件</h5>
          <p class="card-text">卡片提供了一个灵活的、可扩展的内容容器, 尽可能地少用一些
          标记和样式, 它们可以更方便地对齐, 并与其他的Bootstrap组件混合。</p>
          <a href="" class="btn btn-primary">开始学习</a>
        </div>
        <div class="card-footer text-muted">
          Bootstrap 5 学习网
        </div>
    </div>
</div>
</body>
```

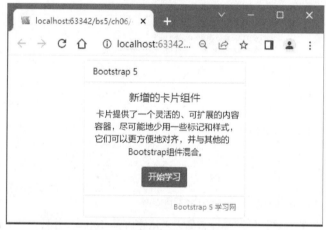

图6-18　课程学习卡片的效果

在例 6-18 中将页眉、主体、页脚等元素插入一个卡片中, 并添加了.text-center、.text-muted 等格式控制类, 实现了 Bootstrap 3 中面板（panel）组件的功能。除了这些类之外, 还可以使用.bg-primary、.bg-success、.bg-info 等类来设置卡片的背景色彩。

2. 卡片中的图片

.card-img 类、.card-img-top 类和.card-img-bottom 类用于设置卡片中图片的宽度为 100% 和圆角的效果, 这 3 个类的典型应用是将图片作为卡片的背景, 或使用栅格布局控制图片在卡片中的显示位置。在例 6-17 中已经使用了.card-img-top 类来设置图片格式。

例 6-19 将卡片中的图片设置为背景, 效果如图 6-19 所示, 代码如下。

```
<body>
<div class="container mt-2">
    <div class="card bg-primary text-white m-auto" style="width: 20rem;">
        <div class="card-body">
            <img src="img/scene.jpg" class="card-img" alt=""/>
            <div class="card-img-overlay p-4">
                <h4>图片背景</h4>
                <p class="card-text mt-3 fs-5">
                    将图片设置为背景, 需要在图片上应用.card-img 类, 并设置用.card-img-overlay
                    类来描述容器, 其中包括文本描述。
```

< 110 >

```
            </p>
        </div>
      </div>
    </div>
  </div>
</body>
```

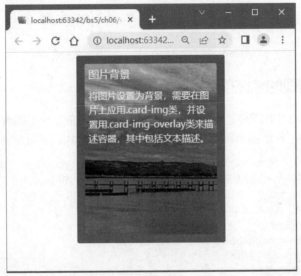

图6-19　为卡片设置图片背景

将图片设置为卡片的背景，需要在图片上使用.card-img 类，并在 div 元素上使用.card-img-overlay 类，其中包括文本描述。

使用栅格布局及一些工具类，可以让卡片中的图片和文本呈现水平分布状态，并产生响应式页面的效果。例 6-20 中使用.g-0 类移除网格的间隙，并使用.col-sm-5 类和.col-sm-7 类让卡片在 sm 型以上设备中呈现水平分布效果。

例 6-20　使用栅格系统控制卡片布局，效果如图 6-20 所示，代码如下。

```
<body>
<div class="container mt-2">
    <div class="card" style="width:24rem">
        <div class="row g-0">
            <div class="col-sm-5"><img src="img/scene3.jpg" class="w-100" alt=""/>
            </div>
            <div class="col-sm-7">
                <div class="card-body">
                    <h4>文字说明</h4>
                    <p class="card-text">
                        <small class="text-muted fs-6">使用栅格系统及一些工具类，可以让
                        卡片中的图片和文本呈现水平分布状态，并产生响应式页面的效果。
                        </small>
                    </p>
                </div>
            </div>
        </div>
    </div>
</div>
</body>
```

< 111 >

图 6-20　使用栅格系统控制卡片布局的效果

6.7.3　用卡片实现的缩略图

缩略图是 Bootstrap 3 中的组件，主要用于实现图文混排的功能。缩略图典型的应用场景是在一行显示几张图片，并在图片下方显示标题、描述内容、按钮等。在 Bootstrap 5 中，使用卡片组件和栅格布局来实现缩略图。

例 6-21 用卡片组件实现缩略图，效果如图 6-21 所示，代码如下。

```html
<body>
<div class="container mt-2">
    <div class="card">
        <div class="card-body">
            <div class="row gx-1">
                <div class="col">
                    <img src="img/te1.jpg" class="img-thumbnail">
                    <div class="fs-6">
                        <h5>金石滩唐风温泉</h5>
                        <p><a href="#" class="text-decoration-none">1000 米长的黄金海
                        岸，2000 米深的地下温泉水……</a></p>
                    </div>
                </div>
                <div class="col">
                    <img src="img/te3.jpg" class="img-thumbnail">
                    <div class="fs-6">
                        <h5>东港音乐广场</h5>
                        <p><a href="#" class="text-decoration-none">喷泉以大海、潮水为
                        背景，与璀璨夺目的会议中心遥相呼应……</a></p>
                    </div>
                </div>
                <div class="col">
                    <img src="img/te2.jpg" class="img-thumbnail">
                    <div class="fs-6">
                        <h5>老虎滩海上乐园</h5>
                        <p><a href="#" class="text-decoration-none">鸟语林、极地馆、海
                        洋世界，儿童们的新天地……</a></p>
                    </div>
                </div>
            </div>
        </div>
    </div>
</div>
</body>
```

< 112 >

图 6-21　用卡片组件实现缩略图的效果

使用 Bootstrap 5 创建缩略图时，在卡片组件内部使用栅格布局，再用 div.card-body 描述卡片的主体内容，使用 div.col 将卡片 3 等分，在每个容器内，添加图片和 div 元素。图片使用.img-thumbnail 类描述，以实现缩略图的效果。在 div 元素内可以添加任何内容，例如标题、段落等。

6.8 组件的应用——网站后台管理系统

网站后台的界面相对简约、规范，适合 Bootstrap 5 的 Web 前端开发。下面使用 Bootstrap 5 的组件快速搭建美观实用的网站后台管理系统的界面。

6.8.1　页面结构的描述

1. 页面功能说明

网站后台管理系统通常有用户管理、内容管理、系统管理等功能。其中，内容管理的核心功能是完成文章的查看、编辑、删除或置顶等，可提供搜索、注册、登录等功能。图 6-22 是网站后台管理系统的界面，包括导航栏、左侧边栏、主体内容 3 个部分，当前是内容管理模块。

页面结构的描述和导航部分的设计（1）

- 导航栏：包括用户管理、内容管理、系统管理等模块，还包括搜索、登录功能。
- 左侧边栏：内容管理模块下的分类列表。
- 主体内容：文章列表，可以实现文章的查看、编辑、删除、置顶等功能。

图 6-22　网站后台管理系统的界面

< 113 >

2．页面框架结构

Bootstrap 5 框架包括使用 meta 标记描述的视口，引入 Bootstrap 5 的 CSS 文件和 JavaScript 文件。根据开发的实际需要，还要引入图标库。

例 6-22 创建网站后台管理系统的页面框架结构，代码如下。

```
<!DOCTYPE html>
<html>
<head lang="en">
    <meta charset="UTF-8">
    <meta name="viewport" content="width=device-width,initial-scale=1.0"/>
    <link rel="stylesheet" href="../bootstrap-5.1.3-dist/css/bootstrap.css"/>
    <link rel="stylesheet" href="../icons-1.8.1/font/bootstrap-icons.css"/>
    <title>后台管理系统</title>
    <style>
    </style>
</head>
<body>
…
<script src="../bootstrap-5.1.3-dist/js/bootstrap.bundle.js"></script>
</body>
</html>
```

3．页面布局代码

从图 6-22 中可以看出网站后台管理系统页面的布局情况。页面布局要点如下。

页面导航栏由 nav 元素描述；主体内容包含在应用.container 类的 div 元素内部，分为左侧边栏和右侧主体部分。在主体内容的 div 元素内部，使用栅格布局，如果是中型设备，左侧占 4 列，右侧占 8 列；如果是小型设备，左侧占 5 列，右侧占 7 列；如果是超小型设备，则采用堆叠显示。

例 6-23 实现网站后台管理系统的页面布局，代码如下。

```
<body>
<div class="myheading">
    <nav class="navbar navbar-expand bg-light navbar-light">
        <div class="container">
            <!--导航栏内容-->
        </div>
    </nav>
</div>
<div class="mybody container">
    <div class="row">
        <div class="leftmenu col-md-4 col-sm-5">
            <!--左侧边栏-->
        </div>
        <div class="content col-md-8 col-sm-7">
            <!--右侧主体-->
        </div>
    </div>
    <div class="myfooter">
        <!--页脚-->
    </div>
</div>
<script src="../bootstrap-5.1.3-dist/js/bootstrap.bundle.js"></script>
</body>
```

< 114 >

其中，.myheading 类、.mybody 类、.leftmenu 类、.content 类用于描述不同元素的样式，可以根据需要来定义样式类的内容。

6.8.2　导航部分的设计

导航部分的设计主要是导航条的设计，在导航条中使用 Bootstrap 5 的字体图标。

1．字体图标

使用通用的图标库，可以让 Web 前端项目具有一致的风格，页面表达更清晰，方便用户与页面交互。Bootstrap 5 中的图标是一个单独的开放项目"Bootstrap Icons"，当前版本是 1.8.1，是免费的开源图标库。Bootstrap Icons 字体图标可以在任何项目中使用，并不仅限于 Bootstrap 项目，这区别于 Bootstrap 3 中被集成到组件中的 Glyphicons Halflings 字体图标。

Bootstrap Icons 图标库需要从 https://icons.getbootstrap.com/ 下载，当前版本的文件名是 icons-1.8.1.zip。下面具体说明字体图标的使用方法。

将压缩文件 icons-1.8.1.zip 解压后，其中的 font 文件夹中包括字体文件 bootstrap-icons.woff 和 bootstrap-icons.woff2，还包括字体图标需要的样式文件 bootstrap-icons.css。将图标库文件夹复制到项目中，并将 bootstrap-icons.css 引入 HTML 文件中即可。

Bootstrap 5 图标库的官方网站有字体图标的代码描述。在插入具体图标时，参考在线的图标库文档，找到相应的图标类，例如. bi-card-text 类，并添加到 i 标记，复制图标描述代码到 HTML 文件中。

例 6-24 使用 Bootstrap 5 字体图标，效果如图 6-23 所示，代码如下。

```
<!DOCTYPE html>
<html>
<head lang="en">
    <meta charset="UTF-8">
    <meta name="viewport" content="width=device-width,initial-scale=1.0"/>
    <link rel="stylesheet" href="../bootstrap-5.1.3-dist/css/bootstrap.css"/>
    <link rel="stylesheet" href="../icons-1.8.1/font/bootstrap-icons.css"/>
    <title></title>
</head>
<body class="container mt-2">
<div class="fs-2">
    <i class="bi bi-person"></i>
    <i class="bi bi-card-text"></i>
    <i class="bi bi-gear-wide"></i>
    <i class="bi bi-gear-wide text-primary"></i>
    <a class="btn btn-primary" href="">
        <i class="bi bi-filetype-woff fs-5"></i> 字体图标
    </a>
</div>
</body>
</html>
```

图 6-23　Bootstrap 5 的字体图标的使用效果

< 115 >

还可以使用 SVG 格式的字体图标，icons-1.8.1.zip 解压后的文件夹的 icons 文件夹中包含所有图标对应的 SVG 矢量图，其使用代码如下。

```
<img src="../icons-1.8.1/icons/chat-dots-fill.svg" class="text-primary" alt=""/>
```

2．设计导航部分

导航部分包括标题、主要功能模块的链接、搜索表单、登录按钮等，定义在 nav 元素内。

例 6-25 实现导航条，代码如下。

```
<!--导航条代码-->
 <nav class="navbar navbar-expand bg-light navbar-light">
    <div class="container">
        <a class="navbar-brand">后台管理系统</a>
        <div class="collapse navbar-collapse">
            <ul class="navbar-nav">
                <li class="nav-item active"><a class="nav-link" href="#">
                    <i class="bi bi-person"></i> 用户管理</a></li>
                <li class="nav-item"><a class="nav-link" href="#">
                    <i class="bi bi-card-text"></i> 内容管理</a></li>
                <li class="nav-item dropdown" >
                    <a href="#" class="nav-link dropdown-toggle" data-toggle=
                    "dropdown">
                        <i class="bi bi-gear-wide"></i>
                        系统管理<span class="caret"></span>
                    </a>
                    <ul class="dropdown-menu">
                        <li><a class="dropdown-item" href="#">备份系统</a></li>
                        <li><a class="dropdown-item" href="#">恢复系统</a></li>
                        <li><a class="dropdown-item" href="#">导出数据</a></li>
                        <li><a class="dropdown-item" href="#">导入数据</a></li>
                    </ul>
                </li>
            </ul>
            <form class="d-flex ms-auto">
                <input class="me-2" type="search" placeholder="输入搜索内容">
                <button class="btn btn-outline-success" type="submit">搜索</button>
            </form>
            <button type="button" class="btn btn-secondary ms-2 text-nowrap">
                Sign in
            </button>
        </div>
    </div>
 </nav>
```

6.8.3 主体部分的设计

后台管理系统的页面主体部分在.container 类描述的 div 元素内，左侧是一个边栏，用列表组实现；右侧的路径导航使用.breadcrumb 类实现；文章列表用一个响应式表格实现；在表格下方，使用.pagination 类实现分页功能；container 容器下方是页脚，使用工具类定义样式。

页面主体部分的布局如图 6-24 所示。

< 116 >

图 6-24　页面主体部分的布局

1. 左侧边栏的实现

例 6-26 ▶ 使用列表组实现左侧边栏，并使用.g-0、.me-4 工具类控制间隙和边距，代码如下。

```
<div class="mybody container">
    <div class="row g-0">
        <div class="leftmenu col-md-4 com-sm-5">
            <!--左侧边栏-->
            <div class="list-group me-4">
                <a href="" class="list-group-item active">文章列表</a>
                <a href="" class="list-group-item">日志列表</a>
                <a href="" class="list-group-item">评论列表</a>
                <a href="" class="list-group-item">留言列表</a>
                <a href="" class="list-group-item">回复列表</a>
                <a href="" class="list-group-item">历史列表</a>
                <a href="" class="list-group-item">广告列表</a>
                <a href="" class="list-group-item">文学类</a>
                <a href="" class="list-group-item">教育类</a>
                <a href="" class="list-group-item">哲学类</a>
                <a href="" class="list-group-item">法学类</a>
                <a href="" class="list-group-item">管理类</a>
            </div>
        </div>
        <!--右侧主体内容-->
        <!--页脚-->
    </div>
</div>
```

2. 右侧路径导航、文章列表和分页的实现

例 6-27 ▶ 使用路径导航、表格、分页实现右侧主体内容。不同部分的代码在对应的注释后面。

```
<div class="mybody container">
    <div class="row">
        <!--左侧边栏代码-->
        ...
        <!--右侧主体内容-->
        <!--以下为路径导航-->
        <ol class="breadcrumb my-2">
            <li class="breadcrumb-item"><a class="text-decoration-none" href=
            "">后台管理</a></li>
            <li class="breadcrumb-item"><a class="text-decoration-none" href=
            "">内容管理</a></li>
            <li class="breadcrumb-item active">文章列表</li>
```

< 117 >

```
        </ol>
        <!--以下为文件列表-->
        <div class="">
            <table class="table table-bordered table-hover">
                <thead>
                <tr>
                    <th>标题</th>
                    <th>作者</th>
                    <th>时间</th>
                    <th>操作</th>
                </tr>
                </thead>
                <tbody>
                <tr>
                    <td>如何赋能合作伙伴，亚马逊云科技做了这些事儿</td>
                    <td>yesky</td>
                    <td>2022/03/02</td>
                    <td><a class="text-decoration-none text-nowrap" href=""> 详
                    情…</a></td>
                </tr>
                <tr>
                    <td>2021 年在线教育发展趋势预测</td>
                    <td>admin1</td>
                    <td>2022/03/13</td>
                    <td><a class="text-decoration-none" href=""> 详情…</a></td>
                </tr>
                <tr>
                    <td>2022 年科技发展趋势是什么？戴尔科技 John Roese 带来最新预测</td>
                    <td>yumi</td>
                    <td>2022/01/02</td>
                    <td><a class="text-decoration-none" href=""> 详情…</a></td>
                </tr>
                <tr>
                    <td>网络基础设施将成关注重点</td>
                    <td>admin1</td>
                    <td>2021/02/28</td>
                    <td><a class="text-decoration-none" href=""> 详情…</a></td>
                </tr>
                ...
                </tbody>
            </table>
            <!--以下为分页代码-->
            <nav class="float-end">
                <ul class="pagination">
                    <li class="page-item">
                        <a class="page-link" href=""><span>&laquo;</span></a>
                    </li>
                    <li class="page-item"><a class="page-link" href="">1</a></li>
                    <li class="page-item"><a class="page-link" href="">2</a></li>
                    <li class="page-item"><a class="page-link" href="">3</a></li>
                    <li class="page-item"><a class="page-link" href="">4</a></li>
```

< 118 >

```
            <li class="page-item"><a class="page-link" href="">5</a></li>
            <li class="page-item"><a class="page-link" href="">
                <span>&raquo;</span></a>
            </li>
        </ul>
    </nav>
</div>
</div>
</div>
<!--以下为页脚代码-->
...
</div>
```

3．页脚代码

使用.mt-4、.py-3、.text-secondary、.text-center、.border-top、.border-secondary 等工具类设置页脚的样式，代码如下，也可以通过 CSS 样式实现。

```
<div class="mybody container">
    <!--以下为页脚代码-->
    <div class="mt-4 py-3 text-secondary text-center border-top border-secondary">
        <p>Copyright 2021 www.bgmsln.com</p>
    </div>
</div>
```

使用 CSS 样式设置导航条项目和内容表格的样式，代码如下。

```
<style>
        .nav-item {
            min-width: 120px;;
        }
        table {
            min-width: 464px;
        }
</style>
```

应用 Bootstrap 5 创建的后台管理系统，页面结构清晰，代码简单，很好地展示了 Bootstrap 5 在响应式页面设计方面的优势，创建过程总结如下。

代码书写方面，页面中使用了导航条组件、列表组组件、路径导航组件、表格等 Bootstrap 5 元素。如果很好地掌握了 Bootstrap 5，可以直接书写这些代码。对于初学者来说，可以在 Bootstrap 5 的在线文档中找到相关的示例，复制代码到文档中，然后修改代码，这可以极大程度地提高页面的开发效率。

理解 Bootstrap 5 方面，传统的 Web 页面开发包括用 HTML 元素组织内容、用 CSS 设计样式、用 JavaScript 实现交互等步骤。但这里几乎不用书写 CSS 和 JavaScript 代码，或者只书写少量的代码，就能完成实用、美观的后台管理系统界面，从中可以看出 Bootstrap 5 的优势。

Bootstrap 5 的作用主要体现在 bootstrap.css 和 bootstrap.bundle.js 文件中。如果需要修改样式，可以添加自己的样式类，或者直接修改 Bootstrap 5 中的代码。

习题

1．简答题

（1）用 Bootstrap 5 创建导航需要使用哪些类？

（2）如何将导航条固定在网页的顶部？

< 119 >

（3）描述创建标签页组件的过程。

（4）举例说明创建列表组的过程。

（5）创建卡片组件需要使用哪些类？参考 Bootstrap 5 在线文档的/docs/components/card/#card-groups 页面，创建一个卡片组。

2．操作题

（1）创建图 6-25 所示的导航条。

图 6-25　导航条的效果

（2）创建图 6-26 所示的订单管理页面。栅格布局请参考下面的代码。

```html
<div class="container">
    <div class="row">
        <div class="col-sm-3">
            <h3>订单管理</h3>
            ...
        </div>
        <div class="col-sm-9">
            <h3>订单状态</h3>
            ...
        </div>
    </div>
</div>
```

图 6-26　订单管理页面的效果

< 120 >

第 7 章　Bootstrap 5 的组件（二）

Bootstrap 5 的一些组件具有动态效果，这些组件在 Bootstrap 3 中被称为插件。在 Web 前端开发过程中使用这些动态组件，可以进一步扩展网站的功能，丰富用户的体验。

本章主要包括以下内容。

- 模态对话框。
- 下拉菜单。
- 提示组件。
- 折叠组件和轮播组件。
- 滚动监听组件。

7.1　模态对话框

模态对话框主要用于显示用户与页面交互的内容，典型的应用场景是登录注册、操作提示、用户说明等。用户操作模态对话框后，可以很方便地返回调用页面，而不需要跳转到其他页面，减少了页面间交互所带来的延迟。

模态对话框由 Bootstrap 5 的脚本文件 modal.js 实现；另外，可以利用 Bootstrap 5 的 bootstrap.bundle.js 文件来实现模态对话框的动态效果。

1. 模态对话框的创建

例 7-1 创建一个模态对话框，单击"显示"按钮激活模态对话框，效果如图 7-1 所示，代码如下。

```
<body class="container">
<button type="button" class="btn btn-success" data-bs-toggle="modal"
        id="btn1"data-bs-target="#myModal"> 显示
</button>
<!-- Modal -->
<div class="modal fade" id="myModal">
    <div class="modal-dialog" >
        <div class="modal-content">
            <div class="modal-header">
                <h5 class="modal-title" id="modalLabel">模态对话框标题</h5>
                <button type="button" class="btn-close"
                data-bs-dismiss="modal" ></button>
            </div>
            <div class="modal-body">
                模态对话框经过了优化，更加灵活，以弹出对话框的形式出现，实现最小和最
                实用的功能集……
```

```
        </div>
        <div class="modal-footer">
            <button type="button" class="btn btn-secondary"
                    data-bs-dismiss="modal">确认
            </button>
        </div>
    </div>
  </div>
</div>
<script src="../bootstrap-5.1.3-dist/js/bootstrap.bundle.js"></script>
</body>
```

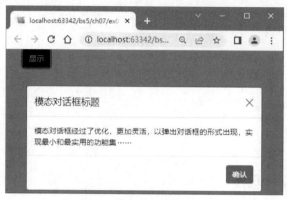

图 7-1　模态对话框的效果

2．模态对话框的结构

模态对话框的结构可以分为 3 层。

第一层，<div class="modal fade" id="myModal">…</div>，代码 class="modal fade"用来定义一个模态对话框，其中 div 元素的 id 值是触发按钮的 data-bs-target 的属性值，还可以添加其他属性。.fade 类用于实现模态对话框的淡入淡出效果。

第二层，<div class="modal-dialog">…</div>，用于设置模态对话框的显示属性。

第三层，<div class="modal-content">…</div>，用于说明模态对话框的具体内容；使用 3 个 div 元素分别说明 modal-header、modal-body、modal-footer，并在其中放入相关的内容。

需要注意的是，不能在一个模态对话框上叠加另一个模态对话框。

3．模态对话框的调用

要调用模态对话框，需要在实现触发功能的按钮或链接上添加两个 data 属性。代码 data-bs-toggle="modal" 用于说明触发器，代码 data-bs-target="#myModal" 或 href="#myModal"用来指定要调用的模态对话框，其中，#myModal 是模态对话框的 id 值。

除了使用 data 属性调用模态对话框，还可以使用 JavaScript 来启动模态对话框，代码如下。

```
<script>
    $(document).ready(function () {
        $("#btn1").click(function(){
            $('#myModal').modal('show');
        });
    })
</script>
```

需要注意，使用 JavaScript 启动模态对话框时，触发组件中的代码 data-bs-target="#myModal"需要删除，而且要导入 jQuery 框架。

< 122 >

7.2 下拉菜单

通过下拉菜单可以把一些同类的选项放在一起，并用列表形式呈现，这样页面更规范。页面中使用较多的是下拉菜单，Bootstrap 5 用.dropdown 类描述向下弹出的菜单。

1. 下拉菜单的创建

下拉菜单是一种动态组件，需要导入 Bootstrap 5 的 bootstrap.bundle.js 文件来实现与用户交互的效果。

例 7-2 创建下拉菜单，效果如图 7-2 所示，代码如下。

```html
<body class="container">
<div class="dropdown">
    <button type="button" class="btn btn-primary dropdown-toggle"
       data-bs-toggle="dropdown">Bootstrap Component
    </button>
    <ul class="dropdown-menu">
        <li><a class="dropdown-item" href="">buttongroup</a></li>
        <li><a class="dropdown-item" href="">dropmenu</a></li>
        <li><a class="dropdown-item" href="">nav</a></li>
        <li><a class="dropdown-item" href="">pageheader</a></li>
    </ul>
</div>
<script src="../bootstrap-5.1.3-dist/js/bootstrap.bundle.js">
</script>
</body>
```

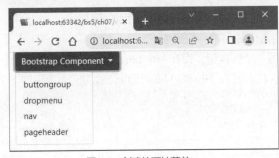

图 7-2　创建的下拉菜单

2. 下拉菜单的结构

按钮和菜单项都包含在代码<div class="dropdown">… </div>内，并且需要向其中的链接或按钮添加.dropdown-toggle 类和 data-bs-toggle="dropdown" 触发器。

菜单项通常放在无序列表中，需要为其添加.dropdown-menu 类。

为菜单项中的链接添加.dropdown-item 类，这个类用于设置菜单项的样式。

此外，官方网站给出的示例代码中添加了 role 属性的描述，这些属性不是必需的，但在实际应用中使用 role 属性可以增强页面的可访问性。

3. 弹出菜单的方向

为菜单的外层 div 元素使用. dropup 类，可以让菜单向上弹出。为外层 div 元素应用. dropstart 类、.dropend 类可以分别创建向左、向右弹出的菜单。

< 123 >

例 7-3 创建向上弹出的菜单，效果如图 7-3 所示，代码如下。

```
<body class="container">
<div style="margin-top: 160px"></div>
<div class="dropup">
    <button type="button" class="btn btn-primary dropdown-toggle"
        data-bs-toggle="dropdown">Bootstrap Component
    </button>
    <ul class="dropdown-menu">
        <li><a class="dropdown-item" href="">buttongroup</a></li>
        <li><a class="dropdown-item" href="">dropmenu</a></li>
        <li><a class="dropdown-item" href="">nav</a></li>
        <li><a class="dropdown-item" href="">pageheader</a></li>
    </ul>
</div>
<script src="../bootstrap-5.1.3-dist/js/bootstrap.bundle.js">
</script>
</body>
```

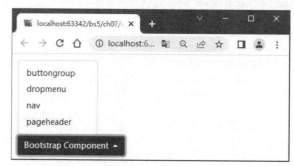

图 7-3　向上弹出的菜单

可以在按钮组内嵌入菜单，这也是页面设计中常用的形式。

例 7-4 创建嵌入按钮组内的菜单，代码如下。

在一个按钮组内嵌套另一个按钮组，即在一个.btn-group 类内嵌套另一个.btn-group 类。嵌入的按钮组可以用下拉菜单实现，使其具有下拉菜单与按钮组合的功能。效果如图 7-4 所示。

```
<body>
<div class="container">
    <div class="btn-group">
        <button type="button" class="btn btn-info">Login</button>
        <button type="button" class="btn btn-warning">Register</button>

        <div class="btn-group">
            <a type="button" class="btn btn-primary dropdown-toggle"
                data-bs-toggle="dropdown">Help
            </a>
            <ul class="dropdown-menu">
                <li><a class="dropdown-item" href="#">About…</a></li>
                <li><a class="dropdown-item" href="#">E-mail to admin</a></li>
            </ul>
        </div>
    </div>
</div>
<script src="../bootstrap-5.1.3-dist/js/bootstrap.bundle.js">
</script>
</body>
```

< 124 >

图 7-4　嵌套的按钮组

例 7-4 中嵌套的下拉菜单的代码为<div class="btn-group">…</div>，可以使用代码<div class="dropdown">…</div>代替，也可以使用代码 <span class="dropdown">…</span>代替，请注意比较它们之间的差别。

4．下拉菜单的其他样式类

用分隔符为菜单项分组比较常见，由.dropdown-divider 类实现，代码如下。

```
<li><hr class="dropdown-divider"></li>
```

将.active 类添加到菜单项，可以将菜单项设置为激活样式；将.disabled 类添加到菜单项，可以将菜单项设置为禁用样式。

下拉菜单除了可以包含菜单项，还可以包含标题、文本、表单等内容，这些内容不需要使用.dropdown-item 类描述。

例 7-5　为按钮组中的下拉菜单添加文本和表单，并应用不同的样式类，效果如图 7-5 所示，代码如下。

```
<body class="container">
<div class="btn-group">
    <div class="btn-group">
        <a type="button" class="btn btn-primary">用户管理
        </a>
        <button type="button" class="btn btn-warning dropdown-toggle
            dropdown-toggle-split" data-bs-toggle="dropdown"></button>
        <ul class="dropdown-menu">
            <li><a class="dropdown-item" href="#">登录</a></li>
            <li><a class="dropdown-item" href="#">注册</a></li>
            <li><p class="dropdown-divider"></li>
            <li><a class="dropdown-item" href="#">注销</a></li>
        </ul>
    </div>

    <div class="btn-group">
        <a type="button" class="btn btn-primary dropdown-toggle"
        data-bs-toggle="dropdown">Help
        </a>
        <ul class="dropdown-menu">
            <h4 class="dropdown-header">系统使用说明</h4>
            <li><a class="dropdown-item" href="#">About…</a></li>
            <p class="mx-3 text-secondary">将自动打开客户端软件</p>
            <li><a class="dropdown-item" href="#">E-mail to admin</a></li>
            <hr/>
            <form action="" class="mx-3">
                <input type="text" placeholder="username"/>
                <input type="password" placeholder="password"/>
```

< 125 >

```
                <input type="submit" value="Submit"/>
            </form>
        </ul>
    </div>
</div>
<script src="../bootstrap-5.1.3-dist/js/bootstrap.bundle.js">
</script>
</body>
```

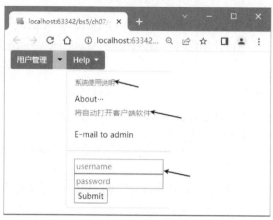

图 7-5   为下拉菜单添加的文字和表单

7.3   提示组件

提示组件用于在页面中显示不同形式的提示语，Bootstrap 5 提供了工具提示框、弹出提示框、警告框等不同形式的提示组件。

7.3.1   工具提示框

工具提示（tooltips）框用于给出图标、链接或按钮等元素的信息说明，可以给出缩写词的全称或附加的提示。当鼠标指针悬停在有工具提示的元素上面时，会自动显示已经定义好的提示信息，方便用户了解这些元素的用途。

例 7-6   创建工具提示框，效果如图 7-6 所示，代码如下。

```
<body>
<div class="container px-5 py-5">
    <button type="button" class="btn btn-secondary" data-bs-toggle="tooltip"
        data-bs-placement="top" title="顶部提示">
        Tooltips on top
    </button>
    <button type="button" class="btn btn-primary" data-bs-toggle="tooltip"
        data-bs-placement="right" title="右侧提示">
        Tooltips on right
    </button>
    <a href="#" type="button" class="btn btn-secondary" data-bs-toggle="tooltip"
      data-bs-placement="bottom" title="Link on bottom">Tooltips on bottom
    </a>
    <a href="#" type="button" class="btn btn-primary" data-bs-toggle="tooltip"
```

< 126 >

```
       data-bs-placement="left" title="link on left">Tooltips on left
    </a>
</div>
<script src="../bootstrap-5.1.3/jquery3/jquery-3.1.1.js"></script>
<script src="../bootstrap-5.1.3-dist/js/bootstrap.bundle.js"></script>
<script>
    $(function () {
        $('[data-bs-toggle="tooltip"]').tooltip()
    })
</script>
</body>
```

图 7-6　创建的工具提示框

在例 7-6 的代码中，data-bs-toggle="tooltip"是组件触发器，title 属性用于显示提示文字，data-bs-placementet 属性用于指明提示文字出现的位置。需要注意的是，要使工具提示框生效，需要导入 jQuery 框架并且添加 JavaScript 代码，手动完成初始化工作，代码如下。

```
<script>
    $(function () {
        $('[data-bs-toggle="tooltip"]').tooltip()
    })
</script>
```

7.3.2　弹出提示框

弹出提示框与工具提示框非常相似，可用于为按钮、链接等元素添加标题及详细信息，以提示或者告知用户。工具提示框由鼠标指针的悬停动作触发，多用于显示简单的提示；弹出提示框则通过单击动作触发，一般用于显示更多的内容。

例 7-7　创建弹出提示框，效果如图 7-7 所示，代码如下。

```
<body>
<div class="container"  style="padding-top: 80px">
    <button type="button" class="btn btn-secondary" data-bs-toggle="popover" data-bs-trigger="hover focus" data-bs-placement="left" data-bs-content="popover on left">
        Popover on 左侧
    </button>
    <button type="button" class="btn btn-info" data-bs-toggle="popover" data-bs-trigger="hover focus" data-bs-placement="top" data-bs-content="popover on top">
        Popover on 顶部
    </button>
    <button type="button" class="btn btn-warning" data-bs-toggle="popover" data-bs-placement="bottom" title="弹出框标题" data-bs-content="popover on bottom">
        Popover on 底部
    </button>
    <button type="button" class="btn btn-success" data-bs-toggle="popover" data-bs-placement="right" title="弹出框标题" data-bs-content="popover on right">
```

< 127 >

```
            Popover on 右侧
        </button>
</div>
<script src="../bootstrap-5.1.3/jquery3/jquery-3.1.1.js"></script>
<script src="../bootstrap-5.1.3-dist/js/bootstrap.bundle.js"></script>
<script>
    $(function () {
        $('[data-bs-toggle="popover"]').popover()
    })
</script>
</body>
```

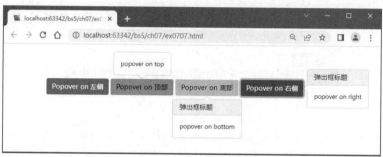

图 7-7　创建的弹出提示框

弹出提示框使用 data-bs-toggle="popover"触发器进行触发，需要配置两个属性：data-bs-content 用于配置弹出提示框的内容，title 用于配置弹出提示框的标题。弹出提示框通常由单击动作触发，如果在触发元素上添加 data-bs-trigger="hover focus"代码，可以由鼠标指针悬停动作触发。

弹出提示框不是纯 CSS 组件。如需使用该组件，必须导入 jQuery 框架，并使用 jQuery 激活。可使用下面的代码来激活页面中的弹出提示框。

```
<script>
    $(function () {
        $('[data-bs-toggle="popover"]').popover()
    })
</script>
```

7.3.3　警告框

警告（alerts）框用于传递操作或任务执行结果的提示信息，其特点是信息阅读结束后警告框消失。Bootstrap 5 内置了.alert 类，用于实现警告框的功能。

例 7-8　创建警告框，效果如图 7-8 所示，代码如下。

```
<body class="container">
<div class="alert alert-danger fade show">
    <strong>警告，</strong>无法连接数据库服务器！
    <button atype="button" class="btn-close" data-bs-dismiss="alert">
    </button>
</div>
<div class="alert alert-warning fade show">
    <strong>警告，</strong>无法连接数据库服务器！
    <a class="btn-close" data-bs-dismiss="alert" href=""></a>
</div>
<div class="alert alert-success alert-dismissible fade show" role="alert">
    <strong>警告，</strong>无法连接数据库服务器！
```

< 128 >

```
        <button type="button" class="btn-close" data-bs-dismiss="alert"></button>
</div>
<script src="../bootstrap-5.1.3-dist/js/bootstrap.bundle.js"></script>
</body>
```

图 7-8　创建的警告框的效果

警告框由提示信息和关闭按钮两部分组成。在提示信息部分使用 Bootstrap 5 内置的.alert 类；关闭按钮本身是一个 Bootstrap 5 组件，由.btn-close 类描述，用于在提示信息文字的并列位置创建一个关闭事件的链接，为该链接添加代码 data-bs-dismiss="alert"，用于触发关闭事件。

为提示信息 div.alert 添加一个.alert-dismissible 类，可以定位关闭按钮在右侧位置。

7.4　折叠组件和手风琴组件

折叠（collapse）组件用于展开和折叠内容，其功能与标签页类似，两者的展开方向是一样的，都是向下展开。两者的区别是标签页的选项卡是左右排列的，折叠组件的标题是上下排列的。折叠组件可以同时展开多个项目的内容，而标签页只能同时展开一项内容。折叠组件由 Bootstrap 5 的脚本文件 collapse.js 实现。手风琴组件实现的也是一种折叠效果。

7.4.1　折叠组件

1. 创建折叠组件

例 7-9　创建折叠组件，效果如图 7-9 所示，代码如下。

```
<body class="container">
<div class="mt-3">
    <a class="btn btn-primary" data-bs-toggle="collapse" href="#collapse1">
        链接激活，使用 href 属性
    </a>
    <button class="btn btn-primary" type="button" data-bs-toggle="collapse" data-bs-target="#collapse2">
        按钮激活，使用 data-bs-target 属性
    </button>
</div>
<div class="collapse" id="collapse1">
    <div class="card card-body">
        在折叠内容中设置的 id 值或 class 值一定要和触发器中使用的 id 值或 class 值一致。
    </div>
</div>
<div class="collapse show" id="collapse2">
```

< 129 >

```
    <div class="card card-body">
        折叠的结构包括折叠的触发器和折叠的内容两部分。
    </div>
</div>
<script src="../bootstrap-5.1.3-dist/js/bootstrap.bundle.js"></script>
</body>
```

图 7-9　创建的折叠组件

2. 折叠组件的结构

从例 7-9 中可以看出，折叠组件主要包括折叠的触发器和折叠的内容两部分。

创建折叠的触发器，可以使用 a 元素或 button 元素在触发器中添加触发属性 data-bs-toggle="collapse"，在不同的触发器中使用 id 值或 class 值来指定触发的内容。如果使用 a 元素，设置其 href 属性值为 id 值或 class 值；如果使用 button 元素，为其指定 data-bs-target 属性，其值为 id 值或 class 值。

定义折叠的内容，并为内容容器设置 id 值或 class 值，这个值一定要和触发器的 id 值或 class 值一致。例 7-9 中使用卡片组件来描述折叠内容。

在折叠的内容部分，添加下面的类以实现折叠内容的隐藏或显示。

.collapse 类：用于隐藏折叠内容。

.collapsing 类：用于隐藏折叠内容，切换过程中有动态效果。

.collapse.show 类：用于显示折叠内容。

3. 触发多内容

使用触发器时，可以通过不同的选择器显示或隐藏多项折叠内容。通常使用类选择器说明要触发的多项内容，然后将类选择器的值（class 值）赋给触发按钮的 data-bs-target 属性。也可以使用多个触发器来控制一项折叠内容的显示或隐藏。

例 7-10 创建触发多个目标的折叠组件，效果如图 7-10 所示，代码如下。

```
<body class="container">
<div class="mt-3">
    <button class="btn btn-primary" type="button" data-bs-toggle="collapse"
    data-bs-target=".a1">
        触发两项内容
    </button>
    <button class="btn btn-primary" type="button" data-bs-toggle="collapse"
    data-bs-target="#collapse1">
        触发内容 1
    </button>
    <a class="btn btn-primary" data-bs-toggle="collapse" href="#collapse2">
        触发内容 2
    </a>
</div>
<div class="collapse a1" id="collapse1">
```

< 130 >

```
    <div class="card card-body">
        内容1：在折叠内容中设置的id值或class值一定要和触发器中使用的id值或class值一致。
    </div>
</div>
<div class="collapse show a1" id="collapse2">
    <div class="card card-body">
        内容2：折叠的结构包括折叠的触发器和折叠的内容两部分。
    </div>
</div>
<script src="../bootstrap-5.1.3-dist/js/bootstrap.bundle.js"></script>
</body>
```

图 7-10　触发多个目标的折叠组件

7.4.2　手风琴组件

在 Bootstrap 5 中，手风琴（accordion）被定义为一个组件，本质上它是一个折叠组件。

例 7-11　创建手风琴组件，效果如图 7-11 所示，代码如下。

```
<body class="container">
<div class="accordion mt-3" id="acontainer">
    <div class="accordion-item">
        <h4 class="accordion-header" id="heading1">
            <button class="accordion-button" type="button" data-bs-toggle="collapse"
            data-bs-target="#collapse1">
                城市简介
            </button>
        </h4>
        <div id="collapse1" class="accordion-collapse collapse show" data-bs-
        parent="#acontainer">
            <div class="accordion-body">
                位于辽东半岛南端，地处黄渤海之滨，背靠中国东北腹地，与山东半岛隔海相望；是中国
                东部沿海重要的经济、贸易、港口、工业、旅游城市；有"东北之窗""北方明珠""浪漫
                之都"之称。
            </div>
        </div>
    </div>
    <div class="accordion-item">
        <h4 class="accordion-header" id="heading2">
            <button class="accordion-button collapsed" type="button" data-bs-
            toggle="collapse" data-bs-target="#collapse2">
                城市亮点
            </button>
        </h4>
        <div id="collapse2" class="accordion-collapse collapse" data-bs-parent=
        "#acontainer">
            <div class="accordion-body">
```

< 131 >

```
                        大连的浪漫主要体现在浪漫的广场、绿地、喷泉——城市建在花园里。
                    </div>
                </div>
            </div>
            <div class="accordion-item">
                <h4 class="accordion-header" id="heading3">
                    <button class="accordion-button collapsed" type="button" data-bs-toggle=
                    "collapse" data-bs-target="#collapse3">
                        城市广场
                    </button>
                </h4>
                <div id="collapse3" class="accordion-collapse collapse" data-bs-parent=
                "#acontainer">
                    <div class="accordion-body">
                        大连是中国广场最多的城市之一。在星海广场可以欣赏著名的星海湾跨海大桥，在中山广
                        场可以欣赏罗马式的、哥特式的、文艺复兴风格的建筑，东港音乐喷泉广场西临大连港突
                        堤码头，在这里可以欣赏到美丽的海上日出…
                    </div>
                </div>
            </div>
        </div>
    </div>
```

图 7-11　创建的手风琴组件

手风琴组件的结构描述如下。

第一层，代码为<div class="accordion" id="acontainer">…</div>，手风琴组件置于一个使用.accordion
类描述的 div 元素中，其 id 值被后面手风琴选项 div.accordion-item 的子元素的 data-bs-parent 属性调用。

第二层，多个用代码<div class=" accordion-item">…</div> 定义的折叠选项。每个折叠选项中包括
标题容器和内容容器。本例的标题容器用 h4.accordion-header 描述，内容容器用 div.accordion-collapse
描述。

代码 div id="collapse1" class="accordion-collapse collapse show" data-bs-parent="#acontainer">对内容
进行包装。其中的.collapse.show 类用于显示内容。

需要说明，<button class="accordion-button collapsed" type="button" data-bs-toggle="collapse"
data-bs-target="#collapse1" >代码中，data-bs-target 的属性值 "collapse1" 要和代码<div id="collapse1"
class="accordion-collapse collapse show" data-bs-parent="#acontainer">中的 id 值一致。而且，该按钮必须
有 data-bs-toggle="collapse"触发器。

< 132 >

7.5 轮播组件

轮播（carousel）组件用于响应式地向页面添加滑块式的显示效果。轮播的内容可以是图像、内嵌框架、视频或者其他类型的内容。轮播组件由 Bootstrap 5 的脚本文件 carousel.js 实现。

7.5.1 创建轮播组件

例 7-12 创建图片轮播组件，效果如图 7-12 所示，代码如下。

```html
<!DOCTYPE html>
<html>
<head lang="en">
    <meta charset="UTF-8">
    <meta name="viewport" content="width=device-width,initial-scale=1.0"/>
    <link rel="stylesheet" href="../bootstrap-5.1.3-dist/css/bootstrap.css"/>
    <title></title>
    <style>
        #myContainer{
            margin: 0 auto;
            width: 780px;
        }
    </style>
</head>
<body class="container">
<div id="myContainer" class="carousel slide" data-bs-ride="carousel" data-bs-interval="2000"  data-bs-wrap="false">
    <div class="carousel-indicators">
        <button type="button" data-bs-target="#myContainer" data-bs-slide-to="0"
        class="active" ></button>
        <button type="button" data-bs-target="#myContainer" data-bs-slide-to="1">
        </button>
        <button type="button" data-bs-target="#myContainer" data-bs-slide-to="2">
        </button>
    </div>
    <div class="carousel-inner">
        <div class="carousel-item active">
            <img src="images/big1.jpg">
        </div>
        <div class="carousel-item">
            <img src="images/big2.jpg">
        </div>
        <div class="carousel-item">
            <img src="images/big3.jpg">
        </div>
    </div>
    <button class="carousel-control-prev" type="button" data-bs-target="#myContainer"
    data-bs-slide="prev">
        <span class="carousel-control-prev-icon"></span>
        <span class="visually-hidden">Previous</span>
    </button>
    <button class="carousel-control-next" type="button" data-bs-target="#myContainer"
    data-bs-slide="next">
```

< 133 >

```
        <span class="carousel-control-next-icon"></span>
        <span class="visually-hidden">Next</span>
    </button>
</div>
<script src="../bootstrap-5.1.3-dist/js/bootstrap.bundle.js"></script>
</body>
</html>
```

图 7-12　创建的图片轮播组件

7.5.2 轮播组件的结构

轮播组件主要由轮播容器和其中的轮播计数器、轮播项目和轮播控制器等部分组成。

1. 设计轮播容器

使用.carousel 类描述轮播容器，并为该容器添加 id 值，方便后面代码的引用。具体代码如下。

```
<div id="myCarousel" class="carousel slide" data-bs-ride="carousel" data-bs-
interval="2000"  data-bs-wrap="false">
…
</div>
```

其中，代码 data-bs-ride="carousel" 表示加载页面时启动轮播，代码 data-bs-interval="2000"表示轮播项目的时间间隔为 2 秒，代码 data-bs-wrap="false"表示轮播不循环，默认是循环播放。

2. 设计轮播计数器

在轮播容器 div.carousel 的内部添加轮播计数器 div.carousel-indicators，其主要功能是控制当前图片的播放顺序，可以通过有序列表或按钮来实现，代码如下。

```
<div class="carousel-indicators">
    <button type="button" data-bs-target="#myContainer" data-bs-slide-to="0"
    class="active" ></button>
    <button type="button" data-bs-target="#myContainer" data-bs-slide-to="1">
    </button>
    <button type="button" data-bs-target="#myContainer" data-bs-slide-to="2">
    </button>
</div>
```

其中，data-bs-target 属性的值为最外层容器 div.carousel 的 id 值，data-bs-slide-to 属性用来传递轮播项目的索引值，例如，data-bs-slide-to="2"表示可以切换到第 2 个轮播项目（索引值从 0 开始）。

3. 设计轮播项目

在轮播容器 div.carousel 的内部添加用 div.carousel-inner 描述的轮播项目，每个轮播项目是一个用.carousel-item 类描述的 div 元素，代码如下。

```
<div class="carousel-inner">
    <div class="carousel-item active">
        <img src="images/big1.jpg">
```

< 134 >

```
        </div>
        …
</div>
```

4. 设计轮播控制器

通常，轮播组件需要一个向前或向后播放的控制器。在轮播容器内，通过 button.carousel-control-prev 类、button.carousel-control-next 类定义两个按钮，并向其中添加图标。轮播控制器的代码如下。

```
<button class="carousel-control-prev" type="button" data-bs-target="#myContainer"
data-bs-slide="prev">
    <span class="carousel-control-prev-icon"></span>
    <span class="visually-hidden">Previous</span>
</button>
 <button class="carousel-control-next" type="button" data-bs-target="#myContainer"
data-bs-slide="next">
    <span class="carousel-control-next-icon"></span>
    <span class="visually-hidden">Next</span>
</button>
```

这里，button 元素的 data-bs-target 属性的值需要对应 div.carousel 的 id 值。

页面加载后，轮播效果会在默认的时间后自动启动，可以单击左侧或右侧的按钮切换轮播项目，或者单击轮播图下方的横线切换轮播项目。通常，根据需要可以在轮播项目内添加轮播图的描述信息。

此外，轮播组件的播放效果默认占满整个浏览器窗口，可以通过设置外层容器的 width 值调整轮播图的宽度，这是由 CSS 样式的定义实现的。

7.6　滚动监听组件

滚动监听（scrollspy）组件是 Bootstrap 5 提供的用于自动更新导航的组件，会根据滚动条的位置自动更新 Bootstrap 5 的导航条或列表。滚动监听组件由 Bootstrap 5 的脚本文件 scrollspy.js 实现。

7.6.1　监听导航

导航组件通常以列表为基础进行设计，使用.nav 类实现。监听导航实际上监听的是列表，其本质是基于滚动条的位置向列表添加.active 类。

例 7-13　在导航组件上应用滚动监听组件，代码如下。

```
<body>
<div class="container">
  <div id="navbar-example" class="mb-3">
    <ul class="nav nav-pills">
        <li class="nav-item"><a class="nav-link" href="#ios">iOS</a></li>
        <li class="nav-item"><a class="nav-link" href="#svn">SVN</a></li>
        <li class="nav-item"><a class="nav-link" href="#java">Java</a></li>
    </ul>
  </div>
  <div data-bs-spy="scroll" data-bs-target="#navbar-example" data-bs-offset="0"
    style="height:160px;overflow:auto; position: relative;">
    <h4 id="ios">iOS</h4>
    <p>iOS 是一个由 Apple 公司开发和发布的手机操作系统。于 2007 年首次发布在 iPhone、iPod
      Touch 和 AppleTV 上。iOS 派生自 OS X，它们共享 Darwin 基础。OS X 用在 Apple 电脑上，
      iOS 用在 Apple 的移动设备上。</p>
```

< 135 >

```
    <h4 id="svn">SVN</h4>
    <p>Apache Subversion，通常缩写为 SVN，是一款开源的版本控制系统软件。Subversion 由
    CollabNet 公司在 2000 年创建。但是现在它已经发展为 Apache Software Foundation 的
    一个项目，拥有众多的开发人员和丰富的用户社区。</p>
    <h4 id="java">Java</h4>
    <p>jMeter 是一款开源的测试软件。它是纯 Java 应用程序，用于负载和性能测试。 </p>
  </div>
</div>
<script src="../bootstrap-5.1.3-dist/js/bootstrap.bundle.js"></script>
</body>
```

页面显示效果如图 7-13 所示。

图 7-13　在导航上应用滚动监听组件的效果

在例 7-13 中，下面的代码是用于描述监听内容的容器。

```
<div data-bs-spy="scroll" data-bs-target="#navbar-example" data-bs-offset="0"
style="height:160px;overflow:auto; position: relative;">
...
</div>
```

其中，代码 data-bs-spy="scroll"用于向监听的元素添加滚动监听事件，代码 data-bs-target="#navbar-example"用于指明监听目标，代码 data-bs-offset="0"用于计算滚动位置相对于顶部的偏移量（单位为px）。在一个用 style 属性定义的内部样式中，指定用作内容容器的 div 元素的样式（height、overflow、position 等属性）。

7.6.2　监听导航条

滚动监听组件的一个重要应用是监听导航条，包括导航条上的菜单和菜单项。为实现相对准确的滚动监听，通常需要使用 data-bs-offset 属性定义监听内容的偏移位置。

例 7-14 在导航条上应用滚动监听组件，代码如下。

```
<!DOCTYPE html>
<html>
<head lang="en">
  <meta charset="UTF-8">
  <meta name="viewport" content="width=device-width,initial-scale=1.0"/>
  <link rel="stylesheet" href="../bootstrap-5.1.3-dist/css/bootstrap.css"/>
  <title></title>
  <style>
    /*样式定义*/
    .frame1{
      width:768px;
      height: 300px;
```

< 136 >

```
            overflow:auto;
        }
    </style>
</head>
<body>

<nav id="navbara" class="navbar navbar-light nav bg-light px-3">
    <a class="navbar-brand" href="#">Navbar</a>
    <ul class="nav nav-pills">
        <li class="nav-item">
            <a class="nav-link" href="#part1">Part1</a>
        </li>
        <li class="nav-item">
            <a class="nav-link" href="#part2">Part2</a>
        </li>
        <li class="nav-item dropdown">
            <a class="nav-link dropdown-toggle" data-bs-toggle="dropdown" href=
            "#">图例</a>
            <ul class="dropdown-menu dropdown-menu-end">
                <li><a class="dropdown-item" href="#one">图1</a></li>
                <li><a class="dropdown-item" href="#two">图2</a></li>
                <li><hr class="dropdown-divider"></li>
                <li><a class="dropdown-item" href="#three">图3</a></li>
            </ul>
        </li>
    </ul>
</nav>
<div data-bs-spy="scroll" data-bs-target="#navbara" data-bs-offset="100" class=
"frame1 mx-3">
    <h4 id="part1">Part1</h4>
    <p>导航组件通常以列表为基础进行设计，使用.nav 类来实现。监听导航实际上就是监听列表。</p>
    <h4 id="part2">Part2</h4>
    <p>滚动监听组件的一个重要应用是监听导航条，包括导航条上的菜单和菜单项。为实现相对准确的滚
        动监听，通常需要使用 data-bs-offset 属性定义监听内容的偏移位置。</p>
    <h4 id="one">One</h4>
    <img src="images/te1.jpg" alt=""/>
    <h4 id="two">Two</h4>
    <img src="images/te2.jpg" alt=""/>
    <h4 id="three">Three</h4>
    <img src="images/te3.jpg" alt=""/>
</div>
<script src="../bootstrap-5.1.3-dist/js/bootstrap.bundle.js"></script>
</body>
</html>
```

页面显示效果如图 7-14 所示，鼠标在导航条下方的内容区域拖动时，导航条和菜单上对应的项目会突出显示。

在导航条上应用滚动监听组件的步骤如下。

① 设计导航条，并在导航条中添加一个下拉菜单。分别在导航条项目和下拉菜单项目添加锚点"#part1""#part2""#one""#two""#three"等，同时为导航条定义 id 值为 navbara，以方便滚动监听组件调用。

② 设计监听对象。设计的内容容器包括多个链接选项，为每个选项设置锚点位置。本例中为每个h4 元素定义 id 值，与导航条上的"#part1""#part2""#one""#two""#three"等对应。

< 137 >

图 7-14　在导航条上应用滚动监听组件的效果

③ 为监听的内容定义 CSS 样式，设计内容区域的大小，并设置 overflow 属性。CSS 样式的定义代码如下。

```
<style>
    .frame1{
        width:768px;
        height: 300px;
        overflow:auto;
    }
</style>
```

④ 为内容设置被监听的 data 属性。data-bs-spy="scroll"用于指定滚动监听功能；data-bs-target="#navbara"用于指定具体监听的导航条；data-bs-offset="100"用于说明监听过程中滚动条的偏移量。

按上述步骤即可实现对导航条的滚动监听。

7.7　组件的应用——轮播广告

使用 Bootstrap 5 的轮播组件、栅格系统、导航条等元素，结合媒体查询功能，再设置一些元素的 CSS 样式，就可以得到轮播广告的效果。

7.7.1　页面结构的描述

1. 页面功能说明

使用 Bootstrap 5 创建一个轮播广告的页面。页面的第一部分是导航条，通过 CSS 样式丰富导航条的效果。页面的第二部分是轮播广告，广告中的每一个轮播项目由 6 张图片组成。

页面结构的描述和导航部分的设计（2）

为了实现响应式的页面效果，当视口宽度为超小型设备的宽度时，隐藏轮播广告；当视口宽度小于 1200px 时，轮播广告分两行显示。图 7-15 是视口宽度大于 1200px 时的显示效果。

图 7-15　轮播广告的效果

< 138 >

2．Bootstrap 5 和页面布局

引入 Bootstrap 5 的样式文件和 JavaScript 文件。

例 7-15　实现轮播广告的页面布局，代码如下。

```html
<!DOCTYPE html>
<html>
<head lang="en">
    <meta charset="UTF-8">
    <meta name="viewport" content="width=device-width,initial-scale=1.0"/>
    <link rel="stylesheet" href="../bootstrap-5.1.3-dist/css/bootstrap.css"/>
    <title></title>
    <style>
        /*样式定义*/
    </style>
</head>
<body>
<!-- header-->
<header>
    <div class="head-top"></div>
    <nav class="navbar bg-light">
        <!--导航条定义-->
    </nav>
</header>
<!-- header 结束 -->
<!--轮播广告-->
<div class="container hidden-xs ">
    <div class="container-fluid">
        <!--轮播广告定义-->
    </div>
</div>
<!--轮播广告结束-->
<script src="../bootstrap-5.1.3-dist/js/bootstrap.bundle.js"></script>
</body>
</html>
```

7.7.2　导航部分的设计

导航部分的设计与 6.3.2 小节的内容基本相同，只是在导航条上方加一个 div 元素作为修饰，其效果由 CSS 实现，并使用 CSS 定义图片及链接的样式。

例 7-16　实现导航部分，代码如下，其中 CSS 样式的定义代码在 7.7.4 小节。

```html
<body>
<!--header 开始-->
<header>
    <div class="head-top"></div>
    <nav class="navbar  navbar-expand-lg navbar-light bg-light">
        <div class="container">
                <a class="navbar-brand" href="#"><img src="images/LOGO.png" alt=""/>
                </a>
                <button class="navbar-toggler" type="button" data-bs-toggle=
                "collapse" data-bs-target="#nav1">
                    <span class="navbar-toggler-icon"></span>
                </button>
```

< 139 >

```
                <div class="collapse navbar-collapse" id="nav1">
                    <ul class="navbar-nav me-auto">
                        <li class="nav-item"><a class="nav-link" href="#">主页</a></li>
                        <li class="nav-item"><a class="nav-link" href="#">城市简介
                        </a></li>
                        <li class="nav-item"><a class="nav-link" href="#">城市亮点
                        </a></li>
                        <li class="nav-item"><a class="nav-link" href="#">联系我们
                        </a></li>
                    </ul>
                    <form class="d-flex">
                        <input class="form-control me-2" type="search" placeholder=
                        "输入搜索内容">
                        <button class="btn btn-outline-success" type="submit">
                        Search</button>
                    </form>
                </div>
            </div>
    </nav>
</header>
<!--header 结束-->
<!--轮播广告部分-->
<script src="../bootstrap-5.1.3-dist/js/bootstrap.bundle.js"></script>
</body>
```

7.7.3 轮播广告部分的设计

轮播广告部分的设计

轮播广告包括若干个轮播项目，每个轮播项目由 6 张图片构成。轮播广告部分的设计，实际上就是调整不同轮播项目内图片的出现位置，并合理设置轮播项目和其中每张图片的大小。实现的具体细节如下。

（1）在最外层使用.container 类描述的 div 元素上添加.d-none 类和.d-sm-block 类，实现在超小型设备中隐藏轮播广告。

（2）在 div.container 内部使用.carousel 类和.slide 类定义轮播，data-bs-ride="carousel" 表示加载页面时启动轮播，代码 data-bs-interval="1000"表示轮播项目的时间间隔为 1 秒。

（3）轮播项目在 div.carousel-inner 中，每个轮播项目使用 div.carousel-item 说明。其中，每个轮播项目包括 6 张图片，让这些图片横向排列。在图片的外部，使用代码<div class="pic">…</div>说明，div.pic 需要设置宽度并居中显示，当视口宽度小于 1200px 时，使用媒体查询重新设置宽度。

（4）在轮播项目下方添加轮播导航，其中 button 元素的 data-bs-target 属性值必须对应 div.carousel 的 id 值。

例 7-17 实现轮播广告，代码如下，其中 CSS 样式的定义代码在 7.7.4 小节。

```
<body>
<!--header 部分-->

<!--轮播广告-->
<div class="container d-none d-sm-block mt-3 ">
    <div class="container-fluid">
        <div id="myCarousel" class="carousel slide bg-light" data-bs-ride="carousel"
            data-interval="1000">
```

< 140 >

```html
<!-- 轮播计数器 -->
<ol class="carousel-indicators">
    <li data-bs-target="#myCarousel" data-bs-slide-to="0" class=
    "active"></li>
    <li data-bs-target="#myCarousel" data-bs-slide-to="1"></li>
    <li data-bs-target="#myCarousel" data-bs-slide-to="2"></li>
    <li data-bs-target="#myCarousel" data-bs-slide-to="3"></li>
    <li data-bs-target="#myCarousel" data-bs-slide-to="4"></li>
    <li data-bs-target="#myCarousel" data-bs-slide-to="5"></li>
</ol>
<!--轮播项目-->
<div class="carousel-inner">
    <div class="carousel-item active">
        <div class="pic">
            <img src="images/te1.jpg">
            <img src="images/tf1.jpg">
            <img src="images/te2.jpg">
            <img src="images/tf2.jpg">
            <img src="images/te3.jpg">
            <img src="images/tf3.jpg">
        </div>
    </div>
    <div class="carousel-item">
        <div class="pic">
            <img src="images/tf1.jpg">
            <img src="images/te2.jpg">
            <img src="images/tf2.jpg">
            <img src="images/te3.jpg">
            <img src="images/tf3.jpg">
            <img src="images/te4.jpg">
        </div>
    </div>
    <div class="carousel-item">
        <div class="pic">
            <img src="images/te2.jpg">
            <img src="images/tf2.jpg">
            <img src="images/te3.jpg">
            <img src="images/tf3.jpg">
            <img src="images/te4.jpg">
            <img src="images/tf4.jpg">
        </div>
    </div>
    <!--共6项轮播item,此处省略3项-->
</div>
<!-- 轮播导航 -->
<button class="carousel-control-prev" type="button" data-bs-target=
"#myCarousel" data-bs-slide="prev">
    <span class="carousel-control-prev-icon"></span>
    <span class="visually-hidden">Previous</span>
</button>
<button class="carousel-control-next" type="button" data-bs-target=
"#myCarousel" data-bs-slide="next">
    <span class="carousel-control-next-icon"></span>
    <span class="visually-hidden">Next</span>
</button>
```

< 141 >

```
            </div>
        </div>
    </div>
    <!--轮播广告结束-->
    <script src="../bootstrap-5.1.3-dist/js/bootstrap.bundle.js"></script>
    </body>
```

7.7.4 CSS 代码

CSS 样式主要用于控制导航条的背景颜色、图片的大小和位置、轮播广告区域的大小、组成轮播项目的图片的宽度，以及实现媒体查询等，代码如下。

```
<style>
        .head-top {
            background: #0275d8;
            padding: 0.8em 0;
        }
        .navbar-brand {
            padding: 0 0;
        }
        /*设置图片的大小和位置*/
        .navbar-brand > img {
            height: auto;
            margin-right: 5px;
            margin-top: 5px;
            width: 250px;
        }
        /*设置整个导航条的内边距、背景颜色和阴影*/
        .navbar-light {
            padding: 1.5em 0;
            background-color: #f2f0f1;
            box-shadow: 12px -5px 39px -12px;
        }
        /*设置导航条中菜单a链接的样式*/
        .navbar-light .navbar-nav > li a {
            top: 10px;
            padding: 0.5em 2em;
            font-weight: 600;
            font-size: 1.2em;
            color: #919191;
        }
        /*设置导航条中菜单在鼠标指针悬停和获取焦点时的状态*/
        .navbar-light .navbar-nav > li > a:hover,
        .navbar-light .navbar-nav > li > a:focus {
            background: #D96B66;
            color: white;
            border-radius: 3px;
        }
        /*header 部分结束*/
        /*轮播广告区域*/
        .pic {
            margin: 0 auto;
            width: 1200px;
            padding: 20px;
```

< 142 >

```
        }
        .pic img {
            max-width: 170px;
        }
        /*媒体查询：当视口宽度小于1200px时，缩小轮播项目div的宽度，图片换行*/
        @media (max-width: 1200px) {
            .pic {
                width: 600px;
            }
        }
    </style>
```

当视口宽度小于1200px时，页面效果如图 7-16 所示。

图 7-16　当视口宽度小于 1200px 时的页面效果

习题

1. 简答题

（1）举例说明下拉菜单的创建过程。

（2）创建一个警告框（关闭按钮靠右）需要使用哪些类?

（3）列举 5 个用于实现轮播效果的类，说明其功能。

（4）使用手风琴组件设计页面时，需要使用哪些类?

（5）Toasts 是一种轻量级通知组件，其功能是模仿移动和桌面操作系统的通知推送功能。查询 Bootstrap 5 文档，创建该组件。

Toasts 组件需要使用 JavaScript 完成初始化，参考代码如下。

```
<script>
    const list=document.querySelectorAll(".toast");
    Array.prototype.forEach.call(list,function(a){
        let toast=new bootstrap.Toast(a,{autohide:false});
        toast.show();
    })
</script>
```

2. 操作题

（1）创建图 7-17 所示的包含下拉菜单的导航条。

< 143 >

图 7-17　导航条和其中的下拉菜单的效果

（2）创建图 7-18 所示的轮播页面。

图 7-18　轮播页面的效果

（3）使用手风琴组件和列表组组件实现图 7-19 所示的折叠菜单。

图 7-19　折叠菜单的效果

< 144 >

第**8**章 Bootstrap 5 的表单

　　表单是 HTML 的重要部分，是网页提供的一种交互式手段，主要用于采集和提交用户的输入数据。在 Bootstrap 5 的官方文档中，表单不再作为组件的一部分，而是一种独立的页面元素。

　　本章主要包括以下内容。
- 表单控件。
- 表单布局。
- 表单的校验。
- 表单的应用。

8.1 表单控件

　　表单使用输入框、单选按钮和复选框等控件提交数据，每个控件在交互中的作用是不同的。Bootstrap 5 为不同的控件提供了以"form-"开头的预定义类，这些类可用来控制表单控件的样式。

8.1.1 输入框

　　输入框主要指 input 元素和 textarea 元素。input 元素用于输入单行文本，其 type 属性值可以是 text、password、file 或 color 等。textarea 元素用于输入多行文本。

输入框、单选按钮和
复选框控件

　　例 8-1 应用输入框，效果如图 8-1 所示，代码如下。

```
<body class="container mt-2">
<form action="">
    <div class="mb-2">
        <lable for="name" class="form-label">姓名</lable>
        <input class="form-control" type="text" id="name" placeholder=
        "请输入姓名"/>
    </div>
    <div class="mb-2">
        <lable for="email" class="form-label">邮箱</lable>
        <input class="form-control" type="email" id="email" placeholder=
        "请输入邮箱"/>
    </div>
    <div class="mb-2">
        <lable for="pwd" class="form-label">密码</lable>
```

```
        <input class="form-control" type="password" id="pwd" placeholder="请输入
        密码"/>
        <div class="form-text">密码由字符和数字组成</div>
    </div>
    <div class="mb-2">
        <lable for="resume" class="form-label">简历</lable>
        <textarea class="form-control" id="resume" rows="4">请输入</textarea>
    </div>
     <button type="submit" class="btn btn-primary">登录</button>
</form>
</body>
```

图 8-1　输入框的应用效果

在例 8-1 中，为输入框（input 元素或 textarea 元素）应用了.form-control 类，为文本标签应用了.form-label 类，为表单中的说明文本应用了.form-text 类。

在 Bootstrap 5 中，.form-control 类用于为输入框设置圆角、浅色的边框，还可用于设置 display、width、padding 等属性。

```
.form-control {
  display: block;
  width: 100%;
  padding: 0.375rem 0.75rem;
  font-size: 1rem;
  font-weight: 400;
  line-height: 1.5;
  color: #212529;
  border-radius: 0.25rem;
  ...
}
```

在 label 元素上应用.form-label 类，其功能是设置 margin-bottom 值为 0.5rem；说明文本应用.form-text 类，其功能是使字体字号变小、颜色变浅。

当 input 元素的 type 类型为 file 或 color 时，定义的是文件输入框或颜色输入框。Bootstrap 5 的表单控件设置了 disabled 和 readonly 两种属性的样式。

例 8-2　应用文件输入框和颜色输入框，并设置 disabled 和 readonly 属性，效果如图 8-2 所示，代码如下。

```
<body class="container mt-2">
<form action="">
    <div class="mb-2">
```

< 146 >

```
        <lable for="file" class="form-label">选择一个文件</lable>
        <input class="form-control" type="file" id="file" />
    </div>
    <div class="mb-2">
        <lable for="color" class="form-label">选择颜色</lable>
        <input class="form-control form-control-color" type="color" id="color"
        placeholder="请选择颜色"/>
    </div>
    <div class="mb-2">
        <p class="form-label">控件的 disabled 属性</p>
        <input class="form-control" type="password" id="pwd" disabled/>
    </div>
    <div class="mb-2">
        <p class="form-label">控件的 readonly 属性</p>
        <input class="form-control" type="password" id="pwd2" readonly/>
    </div>
</form>
</body>
```

图 8-2 文件输入框和颜色输入框的应用效果

在以上代码中,为颜色输入框应用了.form-control 类和.form-control-color 类,.form-control-color 类用于设置输入框的 width 和 padding 属性。从图 8-2 可以看出,Bootstrap 5 为.form-control 类的 disabled 状态和 readonly 状态设置了背景色和透明度的样式,代码如下。

```
.form-control:disabled,
.form-control[readonly]
    {
    background-color:#eqece;
    opacity:1;
    }
```

对于输入框的大小设置,Bootstrap 5 提供了.form-control-lg 类和.form-control-sm 类,这两个类提供了大一号和小一号的样式。但这两个类需要和.form-control 类组合使用,例如下面的代码。

```
<form>
    <input class="form-control form-control-lg" type="text" placeholder="较大的控件"/>
    <input class="form-control form-control" type="text" placeholder="正常的控件"/>
    <input class="form-control form-control-sm" type="text" placeholder="较小的控件"/>
</form>
```

8.1.2 单选按钮和复选框

单选按钮和复选框可以作为选择列表中的一个或多个选项。在 Bootstrap 5 中,使用.form-check

< 147 >

类、.form-check-input 类、.form-check-label 类来设置单选按钮和复选框的样式。

例 8-3 应用单选按钮和复选框，效果如图 8-3 所示，代码如下。

```
<body class="container mt-2">
<form action="">
    <div class="form-check">
        <input class="form-check-input" type="checkbox" id="check1" value="c1" checked />
        <label class="form-check-label" for="check1">选中的复选框</label>
    </div>
    <div class="form-check">
        <input class="form-check-input" type="checkbox" id=" check2" value="c2"/>
        <label class="form-check-label" for=" check2">默认的复选框</label>
    </div>
    <hr/>
    <div class="form-check">
        <input class="form-check-input" type="radio" name="radio1" value="r1" checked />
        <label class="form-check-label">选中的单选按钮</label>
    </div>
    <div class="form-check">
        <input class="form-check-input" type="radio" name="radio1" value="r2" />
        <label class="form-check-label">默认的单选按钮</label>
    </div>
</form>
</body>
```

图 8-3 单选按钮和复选框的应用效果

在 Bootstrap 5 中，用.form-check 类定义复选框或单选按钮的容器，该类设置了 display、min-height、padding-left 等属性，定义代码如下。

```
.form-check {
  display: block;
  min-height: 1.5rem;
  padding-left: 1.5em;
  margin-bottom: 0.125rem;
}
```

.form-check-input 类定义 width 和 height 属性的值均为 1em，并且定义了 margin-top、vertical-align 等属性。.form-check-label 类定义了 opacity 和 color 属性。

对于复选框，Bootstrap 5 还提供了开关（switch）样式，这时需要将.form-check 类和.form-switch 类组合在一起来定义容器，这种样式通常用于页面中的选项。

例 8-4 应用复选开关，效果如图 8-4 所示，代码如下。

```
<body class="container mt-2">
<form action="">
    <div class="form-check form-switch">
```

< 148 >

```
        <input class="form-check-input" type="checkbox" id="check1">
        <label class="form-check-label" for="check1">默认的复选开关</label>
    </div>
    <div class="form-check form-switch">
        <input class="form-check-input" type="checkbox" id="check2" checked>
        <label class="form-check-label" for="check2">选中的复选开关</label>
    </div>
    <div class="form-check form-switch">
        <input class="form-check-input" type="checkbox" id="check3" disabled>
        <label class="form-check-label" for="check3">禁用的复选开关</label>
    </div>
</form>
</body>
```

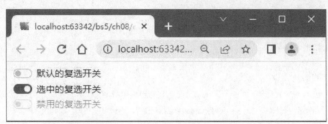

图 8-4　复选开关的应用效果

.form-switch 类设置了 padding-left 属性的值为 2.5em，.form-check-input 类设置了 margin-left、background-image、background-position 等属性。

默认情况下，单选按钮和复选框都是堆叠排列的，如果为每一个.form-check 容器添加.form-check-inline 类，且该类设置 display 属性的值为 inline-block，则可以实现水平排列。

例 8-5　实现水平排列的复选框和单选按钮，效果如图 8-5 所示，代码如下。

```
<body class="container mt-2">
<form action="">
    <div class="form-check form-check-inline">
        <input class="form-check-input" type="checkbox" id="check1" value="c1" checked />
        <label class="form-check-label" for="check2">选中的复选框</label>
    </div>
    <div class="form-check form-check-inline">
        <input class="form-check-input" type="checkbox" id=" check2" value="c2"/>
        <label class="form-check-label" for="check1">默认的复选框</label>
    </div>
    <div class="form-check form-check-inline">
        <input class="form-check-input" type="radio" name="radio1" value="r1" checked />
        <label class="form-check-label">选中的单选按钮</label>
    </div>
</form>
</body>
```

图 8-5　水平排列的复选框和单选按钮

< 149 >

8.1.3 下拉列表

下拉列表可使用 select 元素实现，需要在该元素上应用.form-select 类。在 select 元素上添加 disabled 属性，下拉列表显示为灰色，呈禁用状态。

例 8-6 应用下拉列表，效果如图 8-6 所示，代码如下。

```
<body class="container mt-2">
<form>
    <div class="mb-2">
        <lable for="province" class="form-label">省份</lable>
        <select name="" class="form-select" id="province">
            <option value="" >--请选择--</option>
            <option value="ln">辽宁省</option>
            <option value="jl">吉林省</option>
            <option value="hlj">黑龙江省</option>
        </select>
    </div>
    <div class="mb-2">
        <lable for="university" class="form-label">省份</lable>
        <select name="" class="form-select" id="university">
        </select>
    </div>
</form>
<script src="../bootstrap-5.1.3/jquery3/jquery-3.1.1.js"></script>
<script>
    $(function(){
        let $var1=$("#province"),$var2=$("#university");
        let data={
            "ln":["DLUT","NEU","LNNU","DUFE"],
            "jl":["JLU","NENU"]
        };
        $var1.change(function(){
            let val=$var1.val();
            if (val) {
                $var2.empty();
                $.each(data[val],function(index,value) {
                        $var2.append('<option value="${value}">${value}</option>');
                    })
            }
        })
    })
</script>
</body>
```

图 8-6　下拉列表的应用效果

< 150 >

.form-select 类与.form-control 类的定义基本一致，设置了 display、width、padding 等属性。例 8-6 中定义了两个 select 元素，在上面的下拉列表中选择省份后，下面的下拉列表中显示该省的高校，实现了联动输入的功能。在联动部分使用 jQuery 框架来处理下拉列表的事件。下拉列表的使用可以参考前半部分代码，jQuery 部分的代码请查阅相关文档学习了解。

8.1.4　滑动条

滑动条用于实现自定义范围的数据输入。input 元素的 type 属性为 range 时即可创建滑动条，为该元素添加.form-range 属性，可设置滑动条的样式。

例 8-7 应用滑动条，效果如图 8-7 所示，代码如下。

```
<body class="container mt-2">
<form action="">
    <div class="mb-2">
        <label for="r1" class="form-label">范围选择</label>
        <input type="range" class="form-range" id="r1" max="10" min="5" step="0.5">
    </div>
    <div class="mb-2">
        <label for="r2" class="form-label">范围选择（禁用）</label>
        <input type="range" class="form-range" id="r2" disabled>
    </div>
</form>
</body>
```

图 8-7　滑动条的应用效果

例 8-7 中为滑动条定义了 max、min、step 等属性，实现了范围选择功能。.form-range 类设置了滑动条的 width、height、padding、background-color 等属性。

8.1.5　输入框组

输入框组（input group）就是 input 控件组。使用输入框组，可以很容易地将输入项与按钮、图标或文本组合起来，为输入项添加不同样式的前缀或后缀。

例 8-8 应用输入框组，效果如图 8-8 所示，代码如下。

```
<body class="container mt-2">
<form>
    <div class="input-group mb-2">
        <input type="text" class="form-control" placeholder="Username" >
        <button class="btn btn-primary" type="button">Search</button>
    </div>
    <div class="input-group mb-2">
        <input type="text" class="form-control" placeholder="Login address">
```

< 151 >

```
        <span class="input-group-text" id="addon2">@sd.com</span>
    </div>
    <div class="input-group mb-2">
        <span class="input-group-text">$</span>
        <input type="text" class="form-control">
        <span class="input-group-text">.00</span>
    </div>
    <div class="input-group mb-2">
        <input type="text" class="form-control" placeholder="Address" >
        <i class="bi bi-search input-group-text"></i>
    </div>
</form>
</body>
```

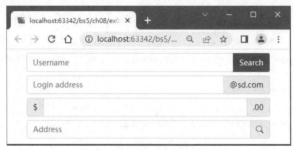

图 8-8　输入框组的应用效果

例 8-8 中将输入项与按钮、文本或图标组合，构成了输入框组。使用的图标是 Bootstrap 5 的 Bootstrap Icons 图标库中的。

创建输入框组时，为输入框组容器添加.input-group 类，使用.input-group-text 类修饰文本并将其作为输入框组的前缀或者后缀元素。.input-group 类的主要作用是将输入框组设置为弹性布局，在 Bootstrap 5 中的定义代码如下。

```
.input-group {
  position: relative;
  display: flex;
  flex-wrap: wrap;
  align-items: stretch;
  width: 100%;
}
```

.input-group-text 类也用于将描述的元素设置为弹性布局，并且设置了 align-items、font-size、padding、text-align 等属性。因为是弹性布局，所以可以方便地将不同类型的元素与输入框组合。

8.2 表单布局

表单布局

Bootstrap 5 的多数表单控件都有 display:block 和 width:100%的设置，默认情况下表单布局是呈垂直堆叠排列的。常用的表单布局还有内联、水平等。使用栅格系统可以实现不同的表单布局。

8.2.1　内联表单

内联表单也就是行内表单，将输入框、按钮、下拉列表等元素都放在一行中。应用栅格系统中不

< 152 >

同的布局类，可使用不同方法实现内联表单。

1. 使用.col-auto 类实现内联表单

使用栅格系统的.col-auto 类可以将每个输入项设置为自动宽度，.g-{value}类用来在水平和垂直方向上创建间隙，可用于控制行和列的间隙宽度。

例8-9 在表单布局中应用.col-auto 类，代码如下。

```
<body class="container mt-2">
<h4 class="mb-3">应用.col-auto 类创建自动宽度的表单</h4>
<form>
    <div class="row g-2 align-items-center">
        <div class="col-auto">
            <input class="form-control" type="email" id="email" placeholder="email"/>
        </div>
        <div class="col-auto">
            <input class="form-control" type="password" placeholder="password"/>
        </div>
        <div class="col-auto">
            <div class="form-check">
                <input class="form-check-input" type="checkbox" id="aCheck">
                <label class="form-check-label" for="aCheck">
                    Click me
                </label>
            </div>
        </div>
        <div class="col-auto">
            <button type="submit" class="btn btn-primary">登录</button>
        </div>
    </div>
</form>
</body>
```

在例 8-9 中，为每个输入项应用了.col-auto 类，即每项都是自动宽度，在浏览器中的效果如图 8-9 所示。如果使用.col 类，则可以创建宽度一致的表单输入项。

图 8-9　在表单中应用.col-auto 类的效果

2. 使用.row-cols-auto 类实现内联表单

.row-cols-auto 类用于创建行内布局的表单，其响应式布局类的语法格式是.row-cols-{sm|md|lg|xl|xll}-auto。在表单中使用.g-{value}类可添加间隙。

例8-10 使用.row-cols-auto 类创建行内表单，代码如下。

```
<body class="container mt-2">
<form class="row row-cols-md-auto g-2 align-items-center">
    <div class="col-12">
        <input type="text" class="form-control" id="uname" placeholder="Username">
    </div>
```

< 153 >

```
    <div class="col-12">
        <div class="input-group">
            <input type="email" class="form-control" id="email" placeholder="Email">
            <div class="input-group-text">@sd.com</div>
        </div>
    </div>
    <div class="col-12">
        <select class="form-select" id="language">
            <option selected>Choose...</option>
            <option value="1">Chinese</option>
            <option value="2">English</option>
            <option value="3">Japanese</option>
        </select>
    </div>
    <div class="col-12">
        <div class="form-check">
            <input class="form-check-input" type="checkbox" id="check1">
            <label class="form-check-label" for="check1">
                Remember me
            </label>
        </div>
    </div>
    <div class="col-12">
        <button type="submit" class="btn btn-primary">Submit</button>
    </div>
</form>
</body>
```

在 md 型以上设备的显示效果如图 8-10 所示。.row-cols-auto 类设置了其子元素的 flex 属性和 width 属性，其定义代码如下。

```
.row-cols-auto > * {
  flex: 0 0 auto;
  width: auto;
}
```

.col-12 类用于堆叠表单控件，.align-items-center 类用于设置表单元素居中对齐，使其与 div.form-check 元素对齐。

图 8-10　使用.row-cols-auto 类创建的行内表单效果

8.2.2　水平表单

将栅格系统的.row 类和.col-{breakpoint}-{value}类应用于表单布局，并指定标签和控件的宽度，可以创建水平表单。创建水平表单时，需要将.col-form-label 类添加到表单标签，而不是.form-label 类，以便实现表单控件垂直居中。

例 8-11　使用栅格系统中的类创建水平表单，代码如下。

```
<body class="container mt-2">
<form>
    <div class="row mb-2">
```

< 154 >

```
            <label for="email" class="col-sm-2 col-form-label">Email</label>
            <div class="col-sm-10">
                <input type="email" class="form-control" id="email">
            </div>
        </div>
        <div class="row mb-2">
            <label for="pwd" class="col-sm-2 col-form-label">Password</label>
            <div class="col-sm-10">
                <input type="password" class="form-control" id="pwd">
            </div>
        </div>
        <fieldset class="row mb-2">
            <legend class="col-form-label col-sm-2 pt-0">Types</legend>
            <div class="col-sm-10">
                <div class="form-check">
                    <input class="form-check-input" type="radio" name="gr1" id="gr1"
                    value="" checked>
                    <label class="form-check-label" for="gr1">
                        First
                    </label>
                </div>
                <div class="form-check">
                    <input class="form-check-input" type="radio" name="gr2" id="gr2"
                    value="">
                    <label class="form-check-label" for="gr2">
                        Second
                    </label>
                </div>
                <div class="form-check disabled">
                    <input class="form-check-input" type="radio" name="gr3" id="gr3"
                    value="" >
                    <label class="form-check-label" for="gr3">
                        Third
                    </label>
                </div>
            </div>
        </fieldset>
        <div class="row mb-3">
            <div class="col-sm-10 offset-sm-2">
                <div class="form-check">
                    <input class="form-check-input" type="checkbox" id="gc1">
                    <label class="form-check-label" for="gc1">
                        Remember
                    </label>
                </div>
            </div>
        </div>
        <button type="submit" class="btn btn-primary">Sign in</button>
    </form>
</body>
```

在例 8-11 中，在 form 元素内应用了栅格布局。使用.col-sm-2 类指定不同表单项标签的宽度，使用.col-sm-10 类指定不同表单输入项的宽度。在 sm 型以上设备的显示效果如图 8-11 所示。如果在超小型设备中，表单将堆叠显示。

< 155 >

Bootstrap Web 前端开发技术 （微课版）

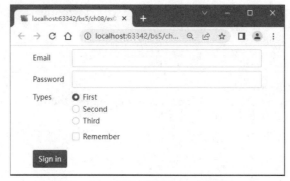

图 8-11　在 sm 型以上设备的水平表单效果

8.2.3　复杂表单

使用栅格系统可以实现复杂的表单布局，实际上是设计多列不同宽度和不同对齐方式的表单布局。

例 8-12　使用栅格系统实现复杂的表单布局，代码如下。

```
<body class="container mt-2">
<form>
    <div class="row g-2 mb-2">
        <div class="col-md-6">
            <label for="email" class="form-label">Email</label>
            <input type="email" class="form-control" id="email" placeholder=
            "example@qq.com">
        </div>
        <div class="col-md-6">
            <label for="password" class="form-label">Password</label>
            <input type="password" class="form-control" id="password" placeholder=
            "Password">
        </div>
    </div>
    <div class="row g-2  mb-2">
        <div class="col-12">
            <label for="address" class="form-label">Address</label>
            <input type="text" class="form-control" id="address" placeholder=
            "Dalian 116029,China ">
        </div>
    </div>
    <div class="row g-2  mb-2 ">
        <div class="col-md-6">
            <label for="fields" class="form-label">Fields</label>
            <input type="text" class="form-control" id="fields" placeholder=
            "Research Fields">
        </div>
        <div class="col-md-6">
            <label for="verify" class="form-label">Verification Code</label>
            <div class="row g-1">
                <div class="col-8">
                    <input type="text" class="form-control float-start" id="verify">
                </div>
                <div class="col-4 align-self-center justify-content-start">
                    <img src="images/initDigitPicture.jpg">
                </div>
            </div>
        </div>
```

```
                 <div class="invalid-feedback">请选择省份</div>
         </div>
         <div class="col-4">
             <label for="phone" class="form-label">Telephone</label>
             <input type="text" class="form-control" id="phone" required pattern=
             "^1[0-9]{10}$">
             <div class="invalid-feedback">11 位电话号码</div>
         </div>
         <div class="col-4">
             <label for="pcode" class="form-label">Postcode</label>
             <input type="text" class="form-control" id="pcode">
         </div>
         <div class="col-6">
             <div class="form-check">
                 <input class="form-check-input" type="checkbox"
                     name="" id="check1" required>
                 <label for="check1" class="form-check-label">请确认.</label>
                 <div class="valid-feedback">已确认</div>
             </div>
         </div>
         <div class="col-3">
             <button class="btn btn-success" type="submit">Submit</button>
         </div>
     </div>
 </form>
 <script src="../bootstrap-5.1.3/jquery3/jquery-3.1.1.js"></script>
 <script>
     $(function () {
         $('form').bind('submit', function () {
             let aaa = $(this);
             if (!aaa[0].checkValidity()) {
                 aaa.addClass('was-validated')
                 return false;
             }
         })
     })
 </script>
 </body>
```

例 8-13 实现客户端校验的要点如下。

在 form 元素上使用 novalidate 属性, 用于阻止浏览器默认的验证行为。

导入 jQuery 库, 编写代码。使用 jQuery 拦截表单的 submit 事件, 并使用 HTML5 的原生表单验证方法 checkValidity(), 如果验证没通过, 则在 form 元素上增加一个 Bootstrap 5 定义的.was-validated 类, 显示相应的提示信息。

提示信息应包含在代码<div class="invalid-feedback">…</div>中。需要说明, 如果复选框 div.form-check 中的提示代码修改为<div class="valid-feedback">…</div>, 则当验证通过时提示信息就会显示出来。在浏览器中表单的客户端校验效果如图 8-13 所示。

要实现客户端校验, 在 JavaScript 代码中使用.was-validated 类, 再使用.valid 类和 .invalid 类显示提示信息。此外, 可以在 input、select 等元素上使用.is-valid 类或.is-invalid 类来显示提示信息, 这种方式适合服务器端校验或使用插件校验。

< 159 >

图 8-13　表单的客户端校验效果

8.4 表单的应用——响应式表单

利用 Bootstrap 5 的基础 CSS 样式，使用栅格系统、表单、图片等元素，并简单设置一些元素的 CSS 样式，就可以得到响应式表单的效果。

8.4.1　页面结构的描述

页面结构的描述和
导航部分的设计（3）

1．页面功能说明

使用 Bootstrap 5 创建一个响应式表单。表单的第一部分展示若干张图片，并可以通过复选框选择图片；表单的第二部分用输入框实现单行文本和多行文本的输入。页面使用栅格系统实现响应式布局，中型及以上设备的表单页面效果如图 8-14 所示。

图 8-14　中型及以上设备的表单页面效果

2．Bootstrap 5 和页面布局

在 HTML 页面中，为 meta 标记添加视口描述，引入 Bootstrap 5 的 CSS 文件和 JavaScript 文件，

< 160 >

引入 jQuery 库等。

从图 8-14 中可以看出页面的布局情况。页面导航使用 nav 元素，主体内容包含在应用 .container 类的 div 元素内部，其中包括一个表单元素。

表单分为上、下两部分。在表单的上部，使用栅格布局，如果在中型设备中，页面呈 3 列显示；如果在小型设备中，页面呈 2 列显示；在超小型设备中，则页面堆叠显示。表单下部的 input 元素用于实现文本输入功能。

例 8-14 实现响应式表单的页面布局，代码如下。

```
<!DOCTYPE html>
<html>
<head>
    <meta charset="UTF-8">
    <meta name="viewport" content="width=device-width, initial-scale=1.0">
    <link rel="stylesheet" href="../bootstrap-5.1.3-dist/css/bootstrap.css"/>
    <title>Document</title>
    <style>
    ...
    </style>
</head>
<body>
<nav class=" navbar navbar-expand-lg …">
    <!--导航的内容-->
</nav>
<div class="container">
    <form>
        <section class="row ">
            <div class=" col-md-4 col-sm-6 col-xs-12">
            ...
            </div>
            …<!--共 6 张图片-->
        </section>
        <section>
            …<!--数据输入区-->
        </section>
    </form>
</div>
<script src="../bootstrap-5.1.3-dist/js/bootstrap.bundle.js"></script></body>
</html>
```

8.4.2　导航部分的设计

这部分只给出具体代码，导航的设计请参考 7.7.2 小节。

例 8-15 导航部分的实现，代码如下。

```
<body>
<nav class="navbar navbar-expand-lg navbar-dark bg-primary">
    <div class="container">
        <a class="navbar-brand" href="#">城市首页</a>
        <button class="navbar-toggler" type="button" data-bs-toggle="collapse"
        data-bs-target="#nav1">
            <span class="navbar-toggler-icon"></span>
        </button>
        <div class="collapse navbar-collapse" id="nav1">
```

< 161 >

```
        <ul class="navbar-nav">
            <li class="nav-item"><a class="nav-link" href="#gallery">主页</a></li>
            <li class="nav-item"><a class="nav-link" href="#services">城市简介
            </a></li>
            <li class="nav-item"><a class="nav-link" href="#about">城市亮点
            </a></li>
            <li class="nav-item"><a class="nav-link" href="#contact">联系我们
            </a></li>
        </ul>
    </div>
    </div>
</nav>
<!--表单主体部分-->
</body>
```

8.4.3 表单部分的设计

表单部分的设计

响应式表单在用.container 类描述的 div 元素内，其中包括 form 元素。表单分为上、下两部分。

1. 表单上部响应式布局的实现

表单上部共放置 6 张图片，图片及文字格式由 CSS 定义。

例 8-16 实现表单上部的图片部分的响应式图片效果，CSS 样式代码参见 8.4.4 小节。

```
<!--以上是导航栏内容-->
<div class="container">
    <form action="#">
        <section class="row">
            <div class="templatemo-header-with-bg">
                <h4 class="">请选择您喜欢的景点</h4>
            </div>
            <div class=" col-md-4 col-sm-6 col-12">
                <div class="templatemo-gallery-item">
                    <img src="gallery/1.jpg" alt="Gallery Item" class="img-fluid">

                    <div class="templatemo-gallery-image-overlay"></div>
                    <div class="templatemo-gallery-image-description text-end">
                        <blockquote class="blockquote-reverse">
                            <h5 class="text-white m-0 fw-light fs-6">星海广场</h5>
                        </blockquote>
                    </div>
                </div>
                <div class="text-center pb-3">
                    <input type="checkbox" id="pic1" value="1"> 星海湾全景
                </div>
            </div>
            <!--共 6 张图片-->
        </section>
            <!--数据输入区-->
    </form>
</div>
```

< 162 >

2. 表单下部数据输入的实现

例 8-17 实现表单数据的输入，代码如下。

```html
<div class="container">
    <form action="#">
        <section class="row ">
            <!--图片列表部分-->
        </section>
            <!--数据输入区-->
        <section id="contact" class="row px-3">
            <div class="col-12">
                <div class="mb-2">
                    <input type="text" id="contact_name" class="form-control"
                    placeholder="您的姓名"/>
                </div>
                <div class="mb-2">
                    <input type="email" id="contact_email" class="form-control"
                    placeholder="您的电子邮箱"/>
                </div>
                <div class="mb-2">
                        <textarea id="contact_message" class="form-control" rows="5"
                                placeholder="您的建议"></textarea>
                </div>
                <button type="submit" class="btn btn-outline-danger">提交</button>
            </div>
        </section>
    </form>
</div>
```

8.4.4　CSS 代码

CSS 样式主要用于控制导航的背景颜色、栅格中承载图片的 div 元素的样式、图片文字描述的格式、渐变效果等，代码如下。

```html
<style>
        /*承载图片的div元素的样式*/
        .templatemo-gallery-item {
            position: relative;
            cursor: pointer;
            padding-left: 0;
            padding-right: 0;
            max-width: 322px;
            margin-bottom: 10px;
            margin-left: auto;
            margin-right: auto;
        }
        /*文字描述的样式及渐变效果*/
        .templatemo-gallery-image-description {
            position: absolute;
            bottom: 0;
            left: 0;
            width: 100%;
            height: 40px;
```

< 163 >

```
        background: rgba(0, 0, 0, 0.7);
        transition: all 0.3s ease;
    }
    /*渐变效果*/
    .templatemo-gallery-image-overlay {
        position: absolute;
        bottom: 0;
        left: 0;
        width: 100%;
        height: 100%;
        background: rgba(0, 0, 0, 0);
        transition: all 0.3s ease;
    }
    .templatemo-gallery-item:hover .templatemo-gallery-image-overlay {
        background: rgba(0, 0, 0, 0.5);
    }
    .blockquote-reverse {
        border-right: 3px solid #C3AC4F;
        margin: 8px 5px;
        padding-right: 8px;
    }
    .templatemo-header-with-bg {
        background-repeat: no-repeat;
        height: 20px;
        padding-left: 20px;
        margin-top: 16px;
        margin-bottom: 16px;
    }
</style>
```

当浏览器窗口的宽度小于 768px 时，表单的页面效果如图 8-15 所示。

图 8-15　当窗口宽度小于 768px 时表单的页面效果

< 164 >

习题

1. 简答题

（1）列举 5 个用于控制表单控件样式的类，并说明其含义。

（2）创建输入框组需要应用.input-group 类和.input-group-text 类，这两个类主要包括哪些属性？

（3）举例说明使用.row-cols-auto 类创建内联表单的过程。

（4）内联表单和水平表单的区别是什么？

（5）表单的客户端校验包含哪些内容？

2. 操作题

（1）使用输入框组和下拉菜单创建图 8-16 所示的页面。

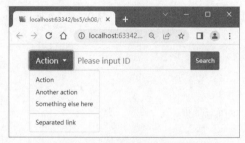

图 8-16　输入框组和下拉菜单的效果

（2）使用栅格布局完成图 8-17 所示的水平表单。

图 8-17　水平表单的效果

（3）参考 8.4 节的示例，完成图 8-18 所示的响应式表单。其中，文本输入部分使用栅格布局。

图 8-18　响应式表单的效果

< 165 >

第9章 定制与优化 Bootstrap 5

Bootstrap 5 的 CSS 代码是用 Sass 编写的，使用 Sass 开发 Bootstrap 5 的过程实际上就是一种定制开发的过程。Sass 是一种功能强大的 CSS 预处理程序，使用变量、映射、混入和函数等元素来定制项目。

本章介绍 CSS 预处理程序 Sass 和 Sass 的扩展库 Compass，主要包括以下内容。

- CSS 预处理程序。
- Sass 的安装与使用。
- Sass 的基本应用。
- Sass 的扩展库 Compass。
- 使用 Sass 修改 Bootstrap 5 源码。

9.1 CSS 预处理程序

CSS 预处理程序

9.1.1 CSS 预处理程序的概念

CSS 是一种描述 HTML 文档样式的语言，可以对页面的布局、字体、颜色、背景等进行精确的控制。CSS 不是编程语言，没有编程语言的分支、循环结构，也没有函数，更没有面向对象编程的封装和继承的概念。在编写 CSS 样式代码时，往往存在大量的重复定义，代码冗余量大。如果开发一个大型的 Web 前端项目，则大量的 CSS 样式代码难以组织，并且随着项目规模的扩大，CSS 样式代码的编写难度更大。CSS 预处理程序就用于解决这个问题。

CSS 预处理程序也叫作 CSS 预处理语言，其在保留 CSS 原有特性的基础上，提供了更多的功能和工具来优化 CSS 的语法。CSS 预处理程序可以使用变量和函数，这使得 CSS 也能面向对象编程，这在一定程度上弥补了 CSS 的缺陷。

Sass 就是一种目前被广泛使用的 CSS 预处理程序。

9.1.2 引入 CSS 预处理程序的原因

CSS 是一门标记语言，语法简单易学，使用它可以很好地完成页面样式的定义。但编写的 CSS 代码难以表述逻辑关系，没有变量的定义和使用，缺乏合理的重用机制。CSS 的这些特点限制了编写 CSS 代码的效率，不符合项目高效开发的需求，这个问题需要通过不断涌现的 Web 前端开发技术来解决。

1. 解决 CSS 使用变量的问题

在 CSS 中定义变量可以实现快速的页面样式设计。

　　CSS 中的颜色一般采用 RGB 模式表示，但是用户很难记住颜色对应的 RGB 值，而 CSS 默认支持的 green、purple、cyan 等颜色，以及 Bootstrap 支持的.text-primary、.text-secondary、.bg-danger、.bg-info、.bg-warning 等颜色又不够丰富，因此它们的实际应用并不广泛。

　　当一个 Web 前端项目中多次使用#6f44cc 这样的颜色值时，如果需要把颜色值#6f44cc 换为#6610f2，则只能逐个替换，这增加了开发和维护的难度。如果能像编程语言那样把颜色设置成变量，且这个变量可以应用于整个 CSS 文档，则当颜色需求有变化时，只要修改变量的值就可以了。这是 CSS 的改进方向，但 CSS 本身并不能满足这一开发需求。

　　在引入一些 CSS3 中需要兼容不同浏览器的样式时，需要书写多行带有前缀的代码，例如以下代码。

```
div {
    width:200px;
    padding:15px;

    -webkit-border-image:url(images/borderimage.png) 5 10 15 20/25px;
    -moz-border-image: url(images/borderimage.png) 5 10 15 20/25px;
    -ms-border-image: url(images/borderimage.png) 5 10 15 20/25px;
    border-image: url(images/borderimage.png) 5 10 15 20/25px;
}
```

如果能用简单的语句实现上面代码的效果，就可以提高代码的编写效率，增强代码的可读性。

2. 解决 CSS 代码冗余的问题

　　CSS 样式存在一定的继承关系，这种关系需要根据 HTML 页面结构来确定。例如，子元素可以继承父元素的某些属性，如字体、背景颜色等。

　　在实际应用中，不同的元素（不存在继承关系）也存在类似的 CSS 样式，例如，页面的 header、footer 部分中可能有 CSS 属性和值相同的区域。因为它们之间没有层级关系，所以只能分别对它们进行定义，从而产生了大量的重复代码。

　　定义公共样式或使用 Bootstrap 5 的工具类可以解决上述问题，但效果有限。解决 CSS 代码冗余问题的一种思路是将公用的样式编写在一个类似于函数的模块中，可以多处调用该模块。

3. 解决 CSS 计算的问题

　　CSS 中不存在变量，当然无法实现计算功能。在 CSS 中，需要人工计算属性值，然后写入 CSS 样式，这增加了代码维护的难度。使用变量，结合计算功能可以提高 CSS 代码的编写效率，并增强文件的可维护性。

　　设定一个变量$ps=0px，将它应用于.ps-{value}类中，当$ps 的值发生变化时，所有的.ps-{value}类的属性值都发生变化。可以用下面的 Sass 代码实现上述功能。

```
$ps:0px;
.ps-0 {
   padding-left: $ps;
}
.ps-1 {
   padding-left: $ps+4;
}
.ps-2 {
   padding-left: $ps+8;
}
.ps-3 {
   padding-left: $ps+12;
}
```

< 167 >

这是需要 CSS 预处理程序解决的问题，CSS 本身并没有这个功能。

4．解决 CSS 命名空间的问题

命名空间一词来自计算机的编程语言，是程序组织或代码重用的一个概念。在 CSS 中，可以通过后代选择器或子选择器实现命名空间的功能，此时，父元素中具有继承属性的样式可以被子元素继承。例如以下代码。

```css
nav {
  height: 15rem; }
nav .contact_info {
  margin: 7px 0 0 0;
  float: right; }
nav .contact_info ul {
  list-style: none; }
nav .contact_info ul li {
  float: left;
  margin: 0 10px 0 10px; }
nav .contact_info ul li a {
  text-decoration: none;
  color: yellow; }
```

在以上代码中，一些样式在"nav .contact_info"空间内是有效的，在编写样式代码时，每一个样式定义前面都需要添加代码 nav .contact_info，这使得编写样式代码有些烦琐。在 CSS 预处理程序中，使用类似于程序设计中命名空间的写法可以解决这个问题。使用 CSS 预处理程序编写的代码如下。

```css
nav {
    height: 15rem;
    .contact_info {
        margin: 7px 0 0 0;
        float: right;
        ul {
            list-style: none;
            li {
                float: left;
                margin: 0 10px 0 10px;
                a {
                    text-decoration: none;
                    color: yellow;
                }
            }
        }
    }
}
```

9.2 Sass 的安装与使用

Sass 的安装与使用

    Sass 是使用 Ruby 编写的一种 CSS 预处理程序，早期 Sass 的主要特性是采用缩进式语法，只有掌握了 Sass 的语法规则才能编写 Sass 风格的样式表。Sass 3.0 以后，由于 Ruby 社区的推动，Sass 已经形成了全面兼容 CSS 样式风格的 SCSS，可以像编写 CSS 一样非常方便地编写 SCSS。

9.2.1 安装 Ruby

    Windows 操作系统在安装 Sass 之前，需要先安装 Ruby。

< 168 >

　　Ruby 是一种开源的面向对象的脚本语言，有 Windows、Mac OS、UNIX 等多种版本。Ruby 安装包可以从 Ruby 官方网站中下载。Mac OS 自带 Ruby，不需要用户安装。

　　在 Windows 10 操作系统中，可以使用 RubyInstaller 来安装 Ruby，具体步骤如下。

　　（1）下载 rubyinstaller-2.7.5-1-x86.exe 之后，双击该文件，启动 Ruby 安装向导。

　　（2）依次单击"Next"按钮，选中"Add Ruby executables to your PATH"复选框（默认），直到 Ruby 安装完成。使用"ruby -h"命令可以查看常用的 Ruby 命令，"ruby -v"命令用于查看当前 Ruby 的版本号。

　　要启动 Ruby，可以在 Windows 的"开始"菜单选择"Start Command Prompt with Ruby"命令，打开命令行窗口，如图 9-1 所示。

图 9-1　启动 Ruby 后的命令行窗口

9.2.2　安装 Sass 和 Sass 命令

　　虽然 Sass 是使用 Ruby 写的，但两者的语法没有关系。不掌握 Ruby 仍然可以使用 Sass。只是必须先安装 Ruby，再安装 Sass。

1．安装 Sass

　　启动 Ruby 后，在图 9-1 所示的命令行窗口中，输入"gem install sass"命令，就可以安装 Sass 了。Sass 安装完成后，执行"sass -v"命令可以查看当前 Sass 的版本号，使用"sass -h"命令可以查看 Sass 的命令选项。

2．Sass 命令

　　编辑 Sass 文件可以使用 NodePad 3、Sublime 等文本编辑器，也可以使用 VS Code、WebStorm 等集成开发环境。Sass 文件就是普通的文本文件，可以直接使用 CSS 语法，文件扩展名是.scss。Sass 是 CSS 预处理程序，使用它可以将 Sass 文件编译为 CSS 文件。下面是编译 Sass 文件的常用命令，在图 9-1 所示的命令行窗口中使用。

　　（1）直接显示.SCSS 文件。

　　在命令行状态下将.scss 文件编译为.css 文件并直接显示出来的命令如下，其中 test.scss 是 Sass 文件。

```
sass test.scss
```

　　（2）将结果保存为文件。

　　如果要将编译的结果保存成 CSS 文件，需要指定一个 CSS 文件名，命令如下。

```
sass test.scss test.css
```

　　（3）启动 Sass 监听功能。

　　可以使用--watch 选项让 Sass 监听某个文件或目录，当源文件修改时，会自动将其编译并生成文件。下面的命令用于监听文件，其中的 input.scss 和 output.css 分别是 SCSS 文件和 CSS 文件。

```
sass --watch input.scss:output.css
```

< 169 >

下面的命令用于监听 Sass 文件目录的变化。其中，app/sass 和 public/stylesheets 分别是监听目录和生成文件目录。

```
sass --watch app/sass:public/stylesheets
```

（4）Sass 的编译风格。

可以使用--style 选项设置生成的 CSS 文件的编译风格。Sass 提供以下 4 个编译风格选项。

- nested：默认值，用于生成嵌套缩进的 CSS 代码。
- expanded：用于生成无缩进的扩展的 CSS 代码。
- compact：用于生成紧凑格式的 CSS 代码。
- compressed：用于生成压缩后的 CSS 代码。

下面的命令用于将编译风格设置为 compressed，这种编译风格的 CSS 文件通常应用于开发环境。

```
sass --style compressed test.sass test.css
```

Sass 的官方网站提供了 Sass 文件的在线转换工具，互联网上还有很多将 Sass 文件转化为 CSS 文件的在线工具，请自行搜索试用。

9.3 Sass 的基本应用

Sass 的基本应用

9.3.1 使用变量

Sass 允许使用变量，所有变量以$开头。在 Sass 文件中，可以使用 "//" 添加注释。

例 9-1 在 Sass 文件 test1.scss 中使用变量，代码如下。

```
//test1.scss
$ps:0px;
.ps-0 {
  padding-left: $ps;
}
.ps-1 {
  padding-left: $ps+4;
}
.ps-2 {
  padding-left: $ps+8;
}
.ps-3 {
  padding-left: $ps+12;
}
```

编译 Sass 文件 test1.scss，结果如图 9-2 所示。

图 9-2 文件 test1.scss 的编译结果

< 170 >

Sass 允许将变量放入字符串中。如果要将变量嵌入字符串内，需要将变量写在"#{}"之中。

例 9-2 在 Sass 文件 test2.scss 中，将变量嵌入字符串中，代码如下。

```
//test2.scss
$side:left;
$blue:#3bbfce;
div {
  border-color: $blue;
  top-#{$side}-radius:5px;
  margin-#{$side}:8px;
  padding-#{$side}-radius:5px;
}
```

下面是编译后生成的 CSS 代码。

```
div {
  border-color: #3bbfce;
  top-left-radius: 5px;
  margin-left: 8px;
  padding-left-radius: 5px; }
```

9.3.2　计算功能

Sass 支持计算功能，在 Sass 代码中可以使用变量和函数。下面的代码可实现 Sass 的计算功能，其中的 round(12.4px)是一个用于四舍五入的函数。

例 9-3 在 Sass 文件 test3.scss 中实现计算功能，代码如下。

```
//test3.scss
$var:24px;
#mydiv{
  margin-top: ($var/2);
  margin-left: $var*1.5;
  padding: round(12.4px);
  font-size: 16px;
}
```

编译后生成的 CSS 代码如下。

```
#mydiv {
  margin-top: 12px;
  margin-left: 36px;
  padding: 12px;
  font-size: 16px; }
```

9.3.3　选择器嵌套

嵌套通常在后代选择器或子选择器中应用。Sass 支持选择器嵌套，即在一个选择器内嵌入另一个选择器。选择器的嵌套可减少书写代码的数量，并且使不同层次的代码清晰。

例 9-4 具有嵌套功能的 Sass 文件 test4.scss，代码如下。

```
//test4.scss
nav {
  float: right;
  height: 200px;
  margin: 7px 0px 0px 0px;
  ul {
    margin-right: 16px;
    list-style: none;
```

< 171 >

```
    li {
      margin-left: 10px;
      float: left;
      a {
        text-decoration: none;
        color: #000;
      }
    }
  }
}
```

编译后生成的 CSS 代码如下。

```
nav {
  float: right;
  height: 200px;
  margin: 7px 0px 0px 0px; }
nav ul {
  margin-right: 16px;
  list-style: none; }
nav ul li {
  margin-left: 10px;
  float: left; }
nav ul li a {
  text-decoration: none;
  color: #000; }
```

在 Ruby 命令行窗口中，编译 Sass 文件的命令如下。

```
E:\bs5\ch09>sass sass/test4.scss  css/test4.css --style expanded
```

当前文件夹是 E:\bs5\ch09，以上命令用于编译当前文件夹的下级文件夹 sass 中的 test4.scss 文件，生成的 CSS 文件保存在当前文件夹的下级文件夹 css 中，使用--style expanded 选项生成的是展开样式的 CSS 代码。

9.3.4 注释

Sass 3.0 支持类似 CSS 的 SCSS 语法格式，共有两种注释风格。

1. 多行注释

多行注释的格式是/* comment */，注释内容会保留到编译后的文件中，但当使用--style compressed 选项时，编译后注释会被忽略。下面的 Sass 文件的代码中包含多行注释。

```
/* 文件名 test4.scss
多行注释格式，注释内容会保留到编译后的文件中
*/
nav {
  margin: 7px 0px 0px 0px;
  ul {
    float: left;
    li {
      list-style: none;
    }
  }
}
```

2. 单行注释

单行注释的格式是 // comment，注释内容只保留在 Sass 源文件中，编译后会被省略。

< 172 >

此外，还有一种注释格式是在/*后面加一个感叹号，表示这是一种重要注释。即使使用--style compressed 选项的压缩模式编译文件，也会保留该注释。重要注释通常用于声明版权信息。下面是一种重要注释的示例。

```
/*!
  表示重要注释
*/
```

9.3.5　代码重用

Sass 的代码重用既使用计算机编程语言中的函数、继承，还包括混入和插入文件。混入实际上就是将可重用的代码块插入 CSS 文件中，而插入文件的语法类似于在 HTML 文件中导入 CSS 文件的语法。

1. 继承

Sass 中的继承与编程语言中的继承有所区别，实际上是一种代码嵌入。Sass 允许在一个选择器中使用@extend 命令，以继承另一个选择器。

例 9-5 实现继承功能的 Sass 文件 test5.scss，代码如下。

```
//test5.scss
.cls1 {
  border:1px solid green;
}
.cls2 {
  @extend .cls1;
  font-size: 20px;
}
.cls3 {
  @extend .cls2;
  color:red;
}
```

在 test5.scss 文件中，样式.cls2 继承了.cls1，样式.cls3 继承了.cls2，.cls3 具有.cls1 和.cls2 的全部属性，编译后生成的 CSS 代码如下。

```
.cls1, .cls2, .cls3 {
  border: 1px solid green;
}
.cls2, .cls3 {
  font-size: 20px;
}
.cls3 {
  color: red;
}
```

2. 混入

使用@mixin 命令，可以定义可重用的代码块，这个代码块称为混入。混入就是将定义的混入使用@include 命令引入另外一个样式中，实现类似继承的特性，并且混入支持带参数的调用。

例 9-6 实现混入功能的 Sass 文件 test6.scss，代码如下。

```
//test6.scss
//以下 Sass 代码定义一个混入
@mixin left {
  float: left;
  margin-left: 10px;
```

< 173 >

```
  }
//使用@include命令调用混入，并根据需要添加属性
div {
  @include left;
  width: 100px;
  height: 80px;
}
```

test6.scss 编译后生成的 CSS 代码如下。

```
div {
  float: left;
  margin-left: 10px;
  width: 100px;
  height: 80px; }
```

从以上代码可以看出，使用混入实现了类似继承的功能。混入的强大之处在于可以指定参数和参数的默认值。

例 9-7 在 Sass 文件 test7.scss 中指定混入的参数和默认值，混入在选择器中被调用，代码如下。

```
//test7.scss
//在混入中指定参数和默认值
@mixin left($value: 10px) {
  float: left;
  margin-right: $value;
}
.left_side {
  @include left(20px);
  width:200px;
}
```

编译后生成的 CSS 代码如下。

```
.left_side {
  float: left;
  margin-right: 20px;
  width: 200px; }
```

如果@include left(20px)语句省略参数，即修改为@include left()，编译后的 CSS 代码则使用默认参数值 10px。

混入的作用在于把一些通用的样式抽取出来，定义为可重用的代码块。一个典型的应用场景是在引入 CSS3 后，为了实现浏览器的兼容性，需要编写大量带有浏览器属性前缀的代码，使用混入可以很好地解决这个问题。

例 9-8 在 Sass 文件 test8.scss 中，将混入应用于不同浏览器，代码如下。

```
//test8.scss,定义及调用混入的代码
@mixin rounded($vert, $horz, $radius: 10px) {
  border-#{$vert}-#{$horz}-radius: $radius;
  -moz-border-#{$vert}-#{$horz}-radius: $radius;
  -webkit-border-#{$vert}-#{$horz}-radius: $radius;
}
header{
  @include rounded(top, left);
}
footer {
  @include rounded(top, left, 5px);
}
```

编译 test8.scss，生成紧凑格式的 test8.css 文件，编译结果如图 9-3 所示。

< 174 >

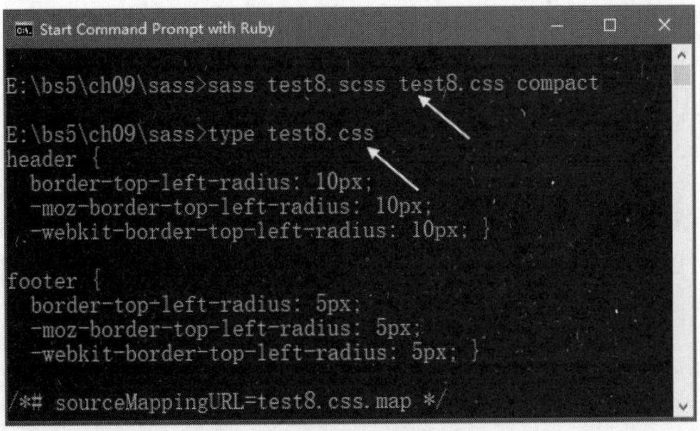

图9-3　编译后的 CSS 文件

在例 9-8 中，对于圆角边框或图像边框等类似的属性，使用混入实现一次定义并重复使用，可增强代码的可重用性和可维护性。从图 9-3 中可以看出，test8.scss 和 test8.css 文件均保存在当前文件夹，即 E:\bs5\ch09\sass 文件夹，使用命令"type test8.css"可以在命令行窗口中显示文件内容。

3. 函数

Sass 允许用户编写自己的函数，也称自定义函数。自定义函数使用@function 关键字定义，使用函数名调用，使用@return 关键字返回函数值。自定义函数可以带参数，调用自定义函数的方式和使用 JavaScript 调用自定义函数的方式相同。

例 9-9　在 Sass 文件 test9.scss 中定义和调用函数，代码如下。

```scss
//test9.scss
//定义函数
@function getPadding($base){
  @return $base*4;  /*函数返回值*/
}
//调用函数
#section1 {
  padding-top: getPadding(1px);
  padding-bottom: getPadding(2px);
  padding-left: getPadding(3px);
}
```

编译后生成的 CSS 代码如下。

```css
#section1 {
  padding-top: 4px;
  padding-bottom: 8px;
  padding-left: 12px; }
```

4. 插入文件

可以在 Sass 中使用@import 关键字插入外部文件。插入的外部文件可以是 Sass 文件或 CSS 文件，如果插入的是 CSS 文件，则@import 相当于 CSS 的 import 命令。插入文件的语法格式如下。

```scss
@import "path/filename ";
```

例 9-10　在 Sass 文件 test10.scss 中导入 CSS 文件和 Sass 文件，代码如下。

```scss
//test10.scss
@import "css/mycss.css";  //导入 CSS 文件
@import "mysass1.scss";   //导入 Sass 文件
@mixin left1 {
  margin-left: 20px;
```

< 175 >

```
    padding-left: 20px;
}
.mycls1 {
  @include left1;
  background-color: aliceblue;
}
```

在例 9-10 中，不需要考虑 mycss.css 文件的内容，代码@import "css/mycss.css"将转换为从 CSS 文件中导入样式文件的代码@import url(css/mycss.css)。Sass 文件 mysass1.scss 的内容如下。

```
$primary-color:#00ff00;
div {
    color:$primary-color;
}
body {
    font-size: 15px;
}
```

最后编译后生成的 CSS 代码如下，其中的 div 和 body 的定义来自 mysass1.scss 文件的编译结果。

```
@import url(css/mycss.css);
div {
  color: #00ff00; }

body {
  font-size: 15px; }

.mycls1 {
  margin-left: 20px;
  padding-left: 20px;
  background-color: aliceblue; }
```

9.3.6 控制语句

编程语言通过流程控制语句控制程序的执行方向，Sass 中也有条件、循环等流程控制语句。

1. 条件语句

Sass 使用关键字@if 和@else 实现程序的条件判断，对于多重分支，也可以使用@else if 语句。

例 9-11 条件判断的实现代码如下。

```
//test11.scss
@mixin avatar($size, $circle: false) {
  width: $size;
  height: $size;
  @if $circle {  //条件判断语句
    border-radius: $size / 2;
  }
}
//调用混入
.square {
  @include avatar(100px, $circle: false);
}
.circle {
  @include avatar(100px, $circle: true);
}
```

在以上代码的混入中设置了逻辑变量$circle。当$circle 的值为 true 时，执行 border-radius: $size/2 代码。编译后生成的 CSS 代码如下。

< 176 >

```
.square {
  width: 100px;
  height: 100px; }

.circle {
  width: 100px;
  height: 100px;
  border-radius: 50px; }
```

例 9-12 在 Sass 文件 test12.scss 中应用 @if 和 @else 实现条件判断，代码如下。

```
//test12.scss
$color:60%;
div {
  width:100px;
  height: 100px;

  @if($color> 30%) {
    background-color: #000;
  } @else {
    background-color: #fff;
  }
}
```

编译后生成的 CSS 代码如下。

```
div {
  width: 100px;
  height: 100px;
  background-color: #000; }
```

2. 循环语句

Sass 支持 for 循环、while 循环和 each 遍历循环，分别使用 @for、@while、@each 关键字实现。循环语句大都需要循环变量的支持。

例 9-13 使用关键字 from、through（to）来控制 for 循环语句，代码如下。

```
//test13.scss
$base-color: #036;
@for $i from 1 through 3 {
  ul:nth-child(3n + #{$i}) {
    background-color: lighten($base-color, $i * 5%);
  }
}
```

编译后生成的 CSS 代码如下，使用它可以很好地控制列表元素的样式。

```
ul:nth-child(3n + 1) {
  background-color: #004080; }

ul:nth-child(3n + 2) {
  background-color: #004d99; }

ul:nth-child(3n + 3) {
  background-color: #0059b3; }
```

如果使用 @for $i from 1 to 3 语句，则循环次数不包括最终的边界值。函数 lighten( ) 是 Sass 中让颜色变淡的函数。

下面的代码使用关键字 @while 实现循环控制。

```
$i: 6;
@while $i > 0 {
  .item-#{$i} {
    width: 2em * $i;
```

< 177 >

```
  }
  $i: $i - 2;
}
```

编译后生成的 CSS 代码如下。

```
.item-6 {
  width: 12em; }
.item-4 {
  width: 8em; }
.item-2 {
  width: 4em; }
```

下面的代码使用关键字@each 和 in 来控制循环。

```
$sizes: 40px, 50px, 80px;
@each $size in $sizes {
  .icon-#{$size} {
    font-size: $size;
    height: $size;
    width: $size;
  }
}
```

编译后生成的 CSS 代码如下。

```
.icon-40px {
  font-size: 40px;
  height: 40px;
  width: 40px; }
.icon-50px {
  font-size: 50px;
  height: 50px;
  width: 50px; }
.icon-80px {
  font-size: 80px;
  height: 80px;
  width: 80px; }
```

除了变量、嵌套、混入、控制语句外，Sass 还提供了一些内置函数和 API 来支持预编译功能，具体请参考 Sass 文档官网，其首页如图 9-4 所示。

图 9-4　Sass 文档官网首页

< 178 >

9.4　Sass 的扩展库 Compass

Compass 是 Sass 的工具库。Sass 本身只是一个编译器，Compass 在 Sass 的基础上封装了一系列常用的模块，增强了 Sass 的功能。Sass 和 Compass 的关系，类似于 JavaScript 和 jQuery、CSS 和 Bootstrap、Python 和 Django 的关系。

9.4.1　Compass 的安装

1. 安装 Compass

Compass 是使用 Ruby 开发的，安装它之前需要先安装 Ruby。Linux 和 Mac OS 默认安装了 Ruby。在 Windows 操作系统中，使用 "Start Command Prompt with Ruby" 命令进入 Ruby 的命令行状态，执行 "gem install compass" 命令来安装 Compass，其安装过程和 Sass 的安装过程基本一致。

2. 创建 Compass 项目

Compass 安装结束后，可创建一个 Compass 项目。例如，创建一个 compassproject 项目，需要在 Windows 的命令行窗口中输入下面的命令。

```
E:\bs5\ch09> compass create compassproject
```

本章项目的工作目录是 E:\bs5\ch09，运行上述命令后，在当前目录中会生成一个 compassproject 子目录。补充说明一下，在 Windows 操作系统的命令行状态下，有时将文件夹称为目录，目录和文件夹是一个概念，不需要仔细区分。

在命令行状态执行下面的命令，进入项目目录。

```
E:\bs5\ch09>cd compassproject
```

可发现该目录中包括一个 config.rb 文件，这是项目的配置文件。还有两个子目录 sass 和 stylesheets，前者存放 Sass 源文件，后者存放编译后的 CSS 文件。

在此基础上，就可以编写 Sass 文件的代码了。

3. Compass 的编译命令

用户编写的文件的扩展名为.scss，需要编译成.css 文件。Compass 的编译命令和 Sass 的编译命令非常相似，Compass 的编译命令如下。

```
E:\bs5\ch09\compassproject>compass compile
```

该命令在项目根目录下执行，用于将 sass 子目录中的 Scss 文件编译成 CSS 文件，并保存在 stylesheets 子目录中。

默认状态下，编译的.css 文件有大量的注释。如果生成开发环境所需的压缩的 CSS 文件，需要使用--output-style 选项。--output-style 的参数包括 nested、expanded、compact、compressed 等，其含义和编译 Sass 文件时参数的含义相同。生成压缩格式的 CSS 文件的命令如下。

```
E:\bs5\ch09\compassproject >compass compile --output-style compressed
```

可以查看 Compass 官网，也可以执行下面的命令，查看 Compass 命令格式或参数的含义。

```
E:\bs5\ch09\compassproject >compass help
E:\bs5\ch09\compassproject >compass help compile
```

还可以打开配置文件 config.rb，在其中指定编译模式。

9.4.2　Compass 的内置模块

Compass 作为 Sass 的扩展库，采用模块化的结构。目前的 Compass 内置了 CSS3、Reset、Layout、

< 179 >

Typography 和 Utilities 这 5 个模块，这些模块提供 Compass 的主要功能，还可以使用网上的第三方模块，或者自己编写模块。

在 Compass 官网中选择 "Code Reference" 选项，其中列出了 Compass 的 5 个模块，如图 9-5 所示。下面以 CSS3 模块、Reset 模块、Typography 模块为例来介绍。

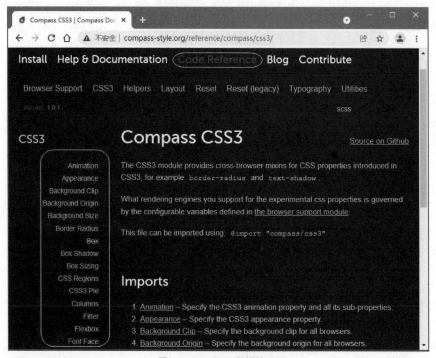

图 9-5　Compass 的模块

1. CSS3 模块

Compass 的 CSS3 模块将开发中经常用到的 CSS3 属性用语义很强的混入进行了封装。这个模块提供了 21 个命令，它们封装了对应的 CSS3 属性，图 9-5 中列出了部分命令。CSS3 模块是 Compass 应用最广泛的模块之一。要使用 CSS3 模块，需要在 Sass 文件头部使用下面的命令。

```
@import "compass/css3"
```

下面通过两个例子来介绍 Compass 的 CSS3 模块的用法，这两个例子分别针对 Border Radius 命令和 Box Shadow 命令，其他命令请参考官方文档。

（1）Border Radius 命令。

Border Radius 命令封装了 border-radius 属性，用来设置圆角。在 Sass 文件中使用这个命令，示例如下。

```
@import "compass/css3";
#border-radius {
    @include border-radius(5px);
}
```

其中，@include 命令用于调用某个混入，5px 是参数，用来指定圆角的半径。

例 9-14　Compass 的 CSS3 模块的应用示例代码如下，其中分别定义了圆角、左上角的圆角和左边的圆角。

```
//ctest14.scss
@import "compass/css3";
#border-radius {
```

< 180 >

```
    @include border-radius(25px);
  }
#border-radius-top-left {
    @include border-top-left-radius(25px);
  }
#border-radius-left {
    @include border-left-radius(25px);
  }
```

前面已经在 E:\bs5\ch09 目录下创建了项目 compassproject，其编译过程如图 9-6 所示。

图 9-6　项目文件的编译过程

编译后生成的文件 ctest14.css 的内容如下。可以看出，在 CSS3 中需要书写多行代码来定义圆角的相关属性，引入 Compass 模块后只要书写一行代码就能实现这个功能。

```
#border-radius {
  -moz-border-radius: 25px;
  -webkit-border-radius: 25px;
  border-radius: 25px;
}
#border-radius-top-left {
  -moz-border-radius-topleft: 25px;
  -webkit-border-top-left-radius: 25px;
  border-top-left-radius: 25px;
}
#border-radius-left {
  -moz-border-radius-topleft: 25px;
  -webkit-border-top-left-radius: 25px;
  border-top-left-radius: 25px;
  -moz-border-radius-bottomleft: 25px;
  -webkit-border-bottom-left-radius: 25px;
  border-bottom-left-radius: 25px;
}
```

（2）Box Shadow 命令。

Box Shadow 命令封装了 box-shadow 属性，用来设置盒子的阴影。

例 9-15　在 Sass 文件 ctest15.scss 中使用 Box Shadow 命令定义两种不同的阴影，代码如下。

```
//ctest15.scss
@import "compass/css3";
#box-shadow-default {
  @include single-box-shadow;
}
#box-shadow-custom {
  @include box-shadow(red 2px 2px 10px);
}
```

图 9-7 给出了在 WebStorm 中编写的 Sass 代码，编译后生成的 CSS 代码，以及测试样式效果的 HTML 代码。

< 181 >

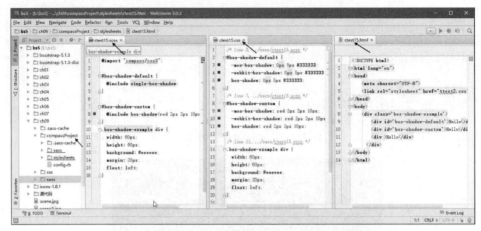

图 9-7　设置 box-shadow 属性的 Sass、CSS 和 HTML 代码

2．Reset 模块

Reset 模块是浏览器的重置模块，用于降低浏览器的差异性。该模块的主要用途是在编写样式代码之前重置浏览器的默认样式。

使用 Reset 模块，需要在 Sass 文件头部书写下面的代码。

```
@import "compass/reset";
```

@import 命令用来加载 Reset 模块。编译文件后，会生成相应的 CSS Reset 代码。

3．Typography 模块

Typography 模块提供一些基础版式，包括 4 个命令。其中，Links 命令用于设置链接的样式。例如，指定链接颜色的代码如下。

```
link-colors($normal, $hover, $active, $visited, $focus);
```

例 9-16 Compass 的 Typography 模块中 Links 命令的应用示例代码如下。

```
//ctest16.sass
@import "compass/typography";
a {
    @include link-colors(#00c, #0cc, #c0c, #ccc, #cc0);
}
```

编译后生成的代码如下。

```
a {
  color: #00c;
}
a:visited {
  color: #ccc;
}
a:focus {
  color: #cc0;
}
a:hover {
  color: #0cc;
}
a:active {
  color: #c0c;
}
```

设置文本的 nowrap 属性和 force-wrap 属性的代码如下。

```
@import "compass/typography/text";
.region1 {
```

< 182 >

```
    @include nowrap;
  }
.region2 {
    @include force-wrap;
  }
```

编译后生成的代码如下。

```
.region1 {
  white-space: nowrap;
}

.region2 {
  white-space: pre;
  white-space: pre-wrap;
  white-space: pre-line;
  white-space: -pre-wrap;
  white-space: -o-pre-wrap;
  white-space: -moz-pre-wrap;
  white-space: -hp-pre-wrap;
  word-wrap: break-word;
}
```

9.4.3　Compass 的 Helpers 函数

上一小节介绍的 Compass 模块主要应用 Sass 的混入特性，对常用的一些兼容性代码进行了封装。除了上述模块外，Compass 还提供了 Helpers 函数。Helpers 函数主要使用 Sass 的函数特性，将一些操作封装为函数供用户调用。函数与混入的主要区别是不需要使用@include 命令，可以直接调用。Helpers 函数列表可以在官方文档查询，目前的 Helpers 函数共 13 个类别，下面通过 Compass Image Dimension Helpers 模块中的 image-width($image)、image-height($image)函数和 Math 模块中的 pi()、sin($number) 函数来介绍。

例 9-17 Compass 的 Helpers 函数的应用示例代码如下。

```
//ctest17.sass
@import "compass";
#div1 {
    width:image-width("te1.jpg");
    height: image-height("te1.jpg");
}
#div2 {
    width:200px * sin(30deg);
    height:200px * cos(pi()/3);
}
```

要使用 Helpers 函数，需要先使用@import "compass"命令导入 Compass。在选择器#div1 中，使用函数获取图片的宽度和高度；在选择器#div2 中，三角函数支持角度和弧度两种单位。在例 9-17 中需要将文件 te1.jpg 保存在当前的项目中，编译后的代码如下。

```
#div1 {
  width: 270px;
  height: 180px;
}
#div2 {
  width: 100px;
  height: 100px;
}
```

< 183 >

9.5 Sass 的应用——修改 Bootstrap 5 源码

Bootstrap 5 是 CSS 框架，本身是由 Sass 开发的，可以使用 Sass 来定制或修改 Bootstrap 5，也可以使用 Sass 开发自己的 CSS 样式库。在修改 Bootstrap 5 时，一定要注意，在 Sass 的各模块间，例如 bootstrap.scss、_variables.scss 和 _utilities.scss 等模块间都存在依赖关系，要避免修改某个模块带来的其他影响。

在 Web 前端开发过程中，用户通常需要建立自己的 CSS 公共样式集，配合 Bootstrap 5 使用。也可以直接修改 Bootstrap.css 中的代码，但要避免可能带来的不同样式之间的影响。尽管通过 Sass 修改 Bootstrap 5 可能会产生关联问题，但定制修改 Bootstrap 5 仍是 Web 前端开发的一项重要内容。

1．前期工作

定制或修改 Bootstrap 5 需要进行一些前期工作。第一，安装 Sass 预处理语言，搭建好 Sass 编译环境，这在前面已经介绍过；第二，因为要修改源码，所以需要下载 Bootstrap 5 的源码文件并解压，本书下载的源码文件是 bootstrap-5.1.3.zip；第三，为了快速定位修改位置，需要利用 Bootstrap 5 的在线文档，文档的多数组件均有关于 Sass 的介绍。对于定制修改 Bootstrap 5 的开发环境，使用 Web 开发环境即可。

Sass 的应用（1）

2．定制修改过程

Bootstrap 5 的多数元素都可以修改，还可以通过 Sass 来添加元素。例如，可以修改.text-primary、.text-warning 等类的颜色，也可以修改.fs-1、.fs-2 等类的字号大小。为了防止修改元素引起模块冲突，可以向 Bootstrap 5 中添加元素。下面以为 Bootstrap 5 添加一个工具类为例来介绍定制修改的过程。

Sass 的应用（2）

在 Bootstrap 5 的工具类中，Sizing（尺寸）选项中的宽度和高度工具类从 _utilities.scss 文件中产生，预设包含 25%、50%、75%、100%和 auto 等宽度，工具类名分别为.w-25、.w-50、.w-75、.w-100、.w-auto。下面定制 Bootstrap 5，向其中添加宽度为 60%的工具类.w-60。

（1）在 Bootstrap 5 中文网的/docs/utilities/sizing/页面中，打开 Bootstrap 5 文档，选择"工具类 API"选项，然后找到 Sizing 选项中关于宽度的定义，如图 9-8 所示。

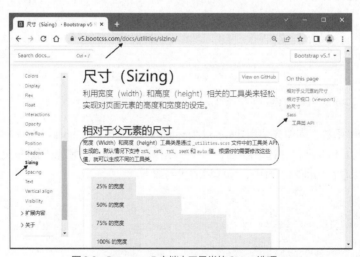

图 9-8　Bootstrap 5 文档中工具类的 Sizing 选项

（2）选择图 9-8 所示的"Sass"选项，显示 width（宽度）在 Sass 中的定义，如图 9-9 所示。从中可以看出，width 的定义在 scss/_utilities.scss 文件中。

< 184 >

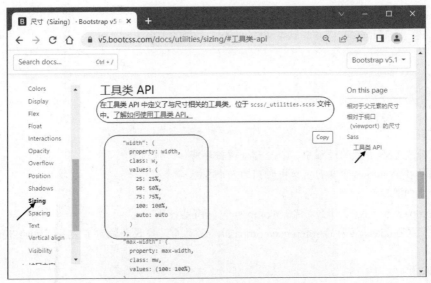

图 9-9　Bootstrap 5 文档中 width 的 Sass 定义

（3）启动 WebStorm 开发环境，打开 Bootstrap 5 的源码文件。根据文档中的提示，找到 scss 文件夹下的_utilities.scss 文件，打开该文件。在编辑窗口中找到 width 的定义，并参考数据格式，修改 values 属性，添加 width 为 60% 的选项，如图 9-10 所示。

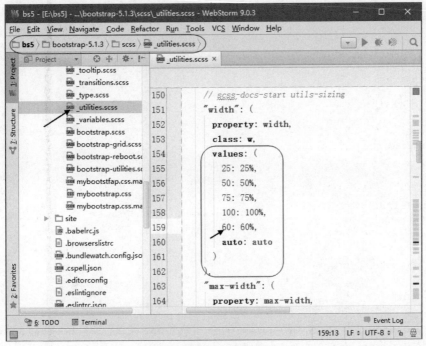

图 9-10　添加相关的属性定义

需要说明的是，一些工具类属性的 value 值是以 "$" 开头的 Sass 变量，这些变量通常需要在_variables.scss 文件中定位和修改。

（4）保存_utilities.scss 文件，该文件被 bootstrap.scss 文件引用。在安装好 Sass 的基础上，打开编译 Sass 文件的命令行窗口，重新编译 bootstrap.scss 文件，生成修改后的 CSS 文件。需要注意的是，编译 bootstrap.scss 文件时，应当指定该文件路径和编译后生成文件的路径。这个生成的文件就是修改的

< 185 >

Bootstrap 5 框架。

（5）创建一个 HTML 文件，测试生成的.w-60 工具类的效果。

习题

1. 简答题

（1）在开发 CSS 样式的过程中，CSS 预处理程序有什么作用？

（2）列举在 Windows 命令行窗口中常用的 5 个 Sass 命令。

（3）什么叫混入？

（4）Compass 和 Sass 是什么关系？Compass 包括哪些模块？

（5）访问 Compass 官网的/reference/compass/css3/页面，查找和练习 CSS3 模块的 Text Shadow 命令。

2. 操作题

（1）给定下面的 Sass 代码，将其编译为 CSS 文件，并创建 HTML 文件来验证编译后生成的 CSS 文件。

```
$var:12px;
.region1{
    position: absolute;
    margin: $var;
    top:50px+40px;
    right: $var*2;
    font-size: $var *1.5;
}
div{
    h1 {
        color:blue;
    }
  h3 {
    border:1px solid gray;
  }
}
ul {
    font-size: $var+2;
    li {
        list-style:none;
        a {
            text-decoration: none;
        }
    }
}
```

（2）在 Bootstrap 5 文档中，在工具类的 Text 选项中找到 Sass 定义，修改 Bootstrap 5 源码文件中的 Sass 文件，在其中增加一个.fs-0 工具类。编译 bootstrap.scss 文件，并创建 HTML 文件进行测试。.fs-0 类的定义代码如下。

```
.fs-0 {
    font-size: 3.5rem;
}
```

< 186 >

第 10 章

综合案例 1——Web 学习网站的设计

本章将通过一个 Web 学习网站的案例来深入讲解 Bootstrap 5 的应用，并将通过结合使用 HTML5 和 CSS3 来创建一个适应不同类型设备的响应式页面。

本章主要包括以下内容。

- 页面结构设计。
- 引入 Web 框架。
- 页头部分的设计。
- 课程、大纲、学习路径、教学团队、问答等模块的设计。
- 页脚部分的设计。

10.1 页面分析

页面分析（1）

在开发网页之前，应先给出具体的页面布局草图，完成页面结构设计，再引入需要使用的 Web 框架，为后期开发打好基础。

10.1.1 页面结构设计

Web 学习网站的页面布局使用 HTML5 的 nav、section、footer 等结构元素来实现，样式控制主要使用 Bootstrap 5 的内置样式类和组件，并且编写少量的 CSS3 代码来实现。Bootstrap 5 与 HTML5、CSS3 配合，可以实现很好的页面布局及页面显示效果。

页面布局草图如图 10-1 所示，主要结构元素的含义描述如下。

- header 元素：用来展示网站的标题、Logo 图片、网站导航条等内容。
- nav 元素：用于网站导航。
- section 元素：网页的主体内容放置在 section 元素中，每个 section 元素通常包括一个标题，用于表示该 section 元素的内容。
- footer 元素：用来放置网站的版权声明、备案信息、联系方式等内容。

| header nav |
| header#banner |
| header#search |
| section#courses |
| section#outlines |
| section#path |
| section#group |
| section#question |
| footer |

图 10-1　页面布局草图

按照图 10-1 设计的页面在浏览器（大型设备）窗口中的显示效果如图 10-2 和图 10-3 所示。

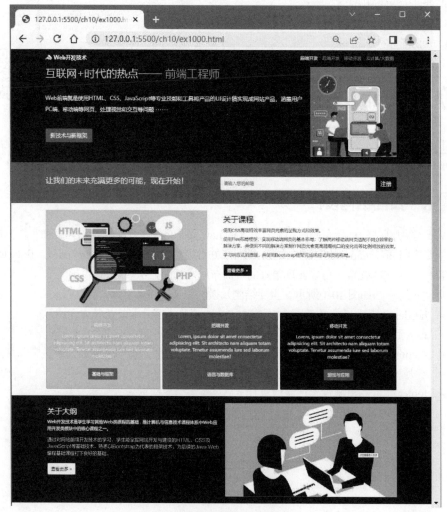

图 10-2　页面显示效果（上半部分）

< 188 >

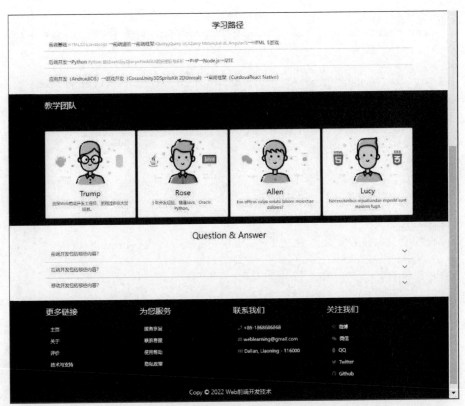

图 10-3　页面显示效果（下半部分）

10.1.2　引入 Web 框架

首先引入 Bootstrap 5 的 CSS 文件和 JavaScript 文件，根据开发需求，还要引入字体图标库 Font Awesome。

Font Awesome 是应用比较广泛的可缩放矢量图标库。Font Awesome 图标可以使用 CSS 属性更改样式，例如设置图标的大小、颜色、阴影或者其他支持的任何样式，能够丰富用户界面的设计。Font Awesome 图标库可以从官网注册后下载。本章使用 Font Awesome 6.1.1 图标库。

使用 Font Awesome 字体图标时，只要将下载的图标库压缩文件解压并复制到用户项目中，加载 CSS 文件即可。

例 10-1　实现 Web 学习网站的页面布局，代码如下。

```
<!DOCTYPE html>
<html>
<head lang="en">
    <meta charset="UTF-8">
    <meta name="viewport" content="width=device-width, initial-scale=1.0"/>
    <!--引入字体图标库-->
    <link rel="stylesheet" href="../bootstrap-5.1.3-dist/fontawesome-free-6.1.1-
web/css/all.css">
    <link rel="stylesheet" href="../bootstrap-5.1.3-dist/css/bootstrap.css" />
    <!--引入用户定义样式-->
    <link rel="stylesheet" href="ex1000.css">
    <title></title>
</head>
<body>
```

< 189 >

```html
<header>
    <nav class="navbar navbar-expand-lg navbar-dark bg-dark fixed-top mb-3">
        <!--导航条-->
    </nav>
    <div id="banner" class="p-4 bg-dark-2 text-light text-center text-sm-start">
        <!--图片或轮播组件-->
    </div>
    <div id="search" class="p-5 bg-primary text-light">
        <!--搜索框-->
    </div>
</header>
<section id="courses" class="p-4">
    <!--课程-->
</section>
<section id="outlines" class="p-4 bg-dark-2 text-light">
    <!--大纲-->
</section>
<section id="path" class="p-4">
    <!--学习路径-->
</section>
<section id="group" class="p-4 bg-dark-2">
    <!--教学团队-->
</section>
<section class="p-4">
    <!--问题与回复-->
</section>
<footer class="p-4 bg-dark text-white">
    <!--页脚-->
</footer>
<script src="../bootstrap-5.1.3-dist/js/bootstrap.bundle.js"></script>
</body>
</html>
```

10.1.3 案例中的 Bootstrap 5 元素

本章案例的重点是应用 Bootstrap 5 的组件和样式类，具体总结如下。

- 在布局方面，使用栅格布局和弹性布局。
- 在组件方面，使用导航条组件、导航组件、输入框组件、列表组组件、手风琴组件、卡片组件、按钮组件等。
- 在基本页面元素方面，使用文本、图片、表格等元素，并应用大量的工具类。

此外，引入 Font Awesome 字体图标；在提高网站设计效率方面，应用 Lorem ipsum 插件。

10.2 页头部分的设计

页头部分的设计
（1）

页头部分由 header 元素声明，包括用 nav 元素定义的导航条、用 div 元素定义的 banner、应用媒体查询的搜索框，显示效果如图 10-4 所示。

< 190 >

图 10-4　页头部分在大型设备上的显示效果

10.2.1　顶部导航条

顶部导航条使用 Bootstrap 5 的 Navbar 组件设计，在导航条左侧使用 Font Awesome 图标。导航条固定在页面顶部，而且不遮盖页面的主体内容。

1. 使用 Font Awesome 图标

将 Font Awesome 6.1.1 文件解压后复制到用户项目中，然后引用 Font Awesome 字体图标库的 CSS 文件，代码如下。

```
link rel="stylesheet" href="../bootstrap-5.1.3-dist/fontawesome-free-6.1.1-web/css/all.css">
```

在页面中使用下面的代码引用图标库中的图标。可以在 Font Awesome 官方文档中查看字体图标的描述。

```
<a class="navbar-brand fw-bold" href="#"><i class="fa-brands fa-accusoft"></i>
Web 开发技术</a>
```

2. 使用 CSS 将导航条固定在页面顶部

在导航条的声明部分，定义导航条的颜色和背景颜色。使用.fixed-top 类将导航条固定在页面顶部。

```
<nav class="navbar navbar-expand-lg navbar-dark bg-dark fixed-top mb-3">
...
</nav>
```

在 Bootstrap 5 中，.fixed-top 类的定义代码如下。

```
.fixed-top {
  position: fixed;
  top: 0;
  right: 0;
  left: 0;
  z-index: 1030;
}
```

下面的 CSS 代码用于确保导航条在页面顶部时不遮盖页面的主体内容。其中，height 属性的值 56px 与导航条的高度是一致的。

```
body::before {
  display: block;
  content: '';
  height: 56px;
}
```

3. 顶部导航条中的样式类

.navbar-brand 类用于描述项目名称或项目 Logo，.navbar-toggler 类用于显示或隐藏菜单。导航条中

< 191 >

的.navbar-expand-{sm|md|lg|xl|xxl}类用于定义响应式折叠菜单，代码中的.navbar-expand-lg 类用于在大型设备中显示导航条内容，在中小型设备中隐藏导航条内容。

需要说明的是，如果导航条不需要折叠，可以在导航条上添加.navbar-expand 类；如果导航条总是折叠的，不需要在导航条上应用.navbar-expand 类。

例 10-2 实现顶部导航条，代码如下。

```html
<!DOCTYPE html>
<html>
<head lang="en">
    <meta charset="UTF-8">
    <meta name="viewport" content="width=device-width, initial-scale=1.0" />
    <link rel="stylesheet" href="../bootstrap-5.1.3-dist/fontawesome-free-
    6.1.1-web/css/all.css">
    <link rel="stylesheet" href="../bootstrap-5.1.3-dist/css/bootstrap.css" />
    <link rel="stylesheet" href="ex1000.css">
    <title></title>
</head>

<body>
    <header>
        <nav class="navbar navbar-expand-lg navbar-dark bg-dark fixed-top mb-3">
            <div class="container">
                <a class="navbar-brand fw-bold" href="#"><i class="fa-brands
                fa-accusoft"></i>
                    Web 开发技术</a>
                <button class="navbar-toggler" type="button" data-bs-toggle="collapse"
                data-bs-target="#navbar1" aria-controls="navbarSupportedContent"
                aria-expanded="false" aria-label="Toggle navigation">
                <span class="navbar-toggler-icon"></span>
                </button>
                <div class="collapse navbar-collapse" id="navbar1">
                    <ul class="navbar-nav mb-2 ms-auto mb-lg-0">
                        <li class="nav-item">
                            <a class="nav-link active" href="#">前端开发</a>
                        </li>
                        <li class="nav-item">
                            <a class="nav-link" href="#">后端开发</a>
                        </li>
                        <li class="nav-item">
                            <a class="nav-link" href="#">移动开发</a>
                        </li>
                        <li class="nav-item">
                            <a class="nav-link" href="#">云计算/大数据</a>
                        </li>
                    </ul>
                </div>
            </div>
        </nav>
        <!--banner 及搜索部分-->
    </header>
    <script src="../bootstrap-5.1.3-dist/js/bootstrap.bundle.js"></script>
</body>
</html>
```

< 192 >

10.2.2　banner 栏目

banner 栏目使用了弹性布局，实现类似图文混排的效果。在一些页面中，banner 使用轮播组件实现。banner 栏目的重点是文本和图片的响应式设计。

1. 文本对齐的响应式设计

banner 栏目中的文本对齐应用.text-center 类和.text-sm-start 类。在小型及以上类型的设备中，文本左对齐显示；在超小型设备中，文本居中显示。代码如下。

```
<div id="banner" class="p-4 bg-dark-2 text-light text-center text-sm-start">
</div>
```

代码中的.bg-dark-2 是用户自定义的类，用来定义背景颜色，这个类也可以使用 Sass 编写。.bg-dark-2 类的 CSS 代码如下。

```
.bg-dark-2 {
  background: #313436;
}
```

2. 文字大小的响应式设计

为了适应不同设备屏幕的尺寸，为 banner 栏目的 h1 元素和 p 元素实现文字大小的响应式设计，代码如下。

```
<h1 class="display-6 display-md-4">…</h1>
<p class="fs-6 fs-md-5 my-5 lh-lg">…</p>
```

使用 Bootstrap 5 的.display-6 类和.fs-6 类定义文字的初始大小。应用媒体查询，在中型及以上类型的设备中，定义.display-md-4 类和.fs-md-5 类，重新定义文字的大小。CSS 代码如下。

```
@media (min-width: 768px) {
  .display-md-4 {
    font-size: 3.5rem !important;
  }
  .fs-md-5{
    font-size:1.25rem !important;
  }
}
```

3. 图片的响应式设计

定义图片的代码如下。

```
<img src="images/tech5.jpg" alt="" class="img-fluid d-none d-md-block">
```

应用.img-fluid 类实现响应式图片的效果，应用.d-none 类和.d-md-block 类，使图片在小型设备上隐藏，在中型及以上类型的设备中显示。

例 10-3　banner 栏目的实现，代码如下。

```
<body>
    <header>
        <nav>
           <!--导航条 -->
        </nav>
        <div id="banner" class="p-4 bg-dark-2 text-light text-center text-sm-start">
            <div class="container">
                <div class="d-flex">
                    <div class="me-3">
                        <h1 class="display-6 display-md-4">互联网+时代的热点——<span
                        class="text-warning"> 前端工程师</span></h1>
```

< 193 >

```
                    <p class="fs-6 fs-md-5 my-5 lh-lg">
                        Web 前端就是使用 HTML、CSS、JavaScript 等专业技能和工具将产品的
                        UI 设计稿实现成网站产品，涵盖用户 PC 端、移动端等网页，处理视觉和交
                        互等问题……</p>
                    <button class="btn btn-primary btn-lg ">
                        新技术与新框架
                    </button>
                </div>
                <div>
                    <img src="images/tech5.jpg" alt="" class="img-fluid d-none
                    d-sm-block">
                </div>
            </div>
        </div>
    </div>
    <!--搜索栏目-->
</header>
<script src="../bootstrap-5.1.3-dist/js/bootstrap.bundle.js"></script>
</body>
```

10.2.3 搜索栏目

搜索栏目在中型以下设备中从上到下堆叠显示，在中型及以上设备中呈弹性布局，使用.d-md-flex、.justify-content-between、. align-item-center 等类实现。

搜索功能由输入框组件实现。在中型及以上设备中，实现文本和搜索框各占 50%的宽度，应用媒体查询技术并创建自定义类.new-input，该类的定义代码如下。

```
@media (min-width:768px) {
  .new-input {
    width: 50%;
  }
}
```

例 10-4 实现搜索栏目的代码如下。

```
<body>
    <header>
        <nav>
            <!--导航条-->
        </nav>
        <div id="banner" class="p-4 bg-dark-2 text-light text-center text-sm-start">
            <!--banner-->
        </div>
        <div id="search" class="p-5 bg-primary text-light">
            <div class="container">
                <div class="d-md-flex justify-content-between align-item-center">
                    <h3>让我们的未来充满更多的可能，现在开始! </h3>
                    <div class="input-group new-input">
                        <input type="text" class="form-control" placeholder="请输入
                        您的邮箱">
                        <button class="btn btn-dark btn-lg">注册</button>
                    </div>
                </div>
            </div>
        </div>
```

< 194 >

```
    </header>
    <script src="../bootstrap-5.1.3-dist/js/bootstrap.bundle.js"></script>
</body>
```

10.3　课程和大纲等模块的设计

课程和大纲等模块的
设计

课程和大纲等模块应用栅格布局，显示效果如图 10-5 所示。图 10-5 的第一行和
第三行中的图片与文本是等宽列，各占该行宽度的 50%。第二行是置于栅格中的 3 个等宽的卡片组件。

图 10-5　课程和大纲等模块的显示效果

1．栅格布局

课程和大纲模块分别置于两个 section 元素中，课程模块的上下两行置于两个 div.container 中。在
课程和大纲模块中，重点使用.col-md 类，表示在中型以下设备中从上到下堆叠显示，在中型及以上设
备中，各列水平等宽显示。栅格布局代码如下。

```
<section id="courses" class="p-4">
    <div class="container">
        <div class="row">
            <div class="col-md">
            </div>
            <div class="col-md">
            </div>
        </div>
    </div>
    <div class="container">
        <div class="row">
            <div class="col-md">
            </div>
            <div class="col-md">
```

< 195 >

```
            </div>
            <div class="col-md">
            </div>
        </div>
    </div>
</section>
<section id="outlines">
    <div class="container">
        <div class="row">
            <div class="col-md">
            </div>
            <div class="col-md">
            </div>
        </div>
    </div>
</section>
```

2. 卡片组件

第二行的课程单元使用卡片组件实现，应用.card、.card-body、.card-title、.card-text 等类，并设计了卡片背景颜色和文本颜色。代码如下。

```
<div class="card bg-info text-light">
    <div class="card-body text-center">
        <div class="card-title my-3">前端开发</div>
        <p class="card-text">
            ...
        </p>
        <a href="" class="btn btn-primary my-3">基础与框架</a>
    </div>
</div>
```

3. Lorem ipsum 插件

图 10-5 中第二行卡片组件中的英文文本是无意义的，是测试文本，使用 Lorem ipsum 插件生成。Lorem ipsum 插件可以快速生成用于排版效果测试的随机文本，能提高页面开发的效率。VS Code 自带的 Lorem 仅支持 HTML 文件。Lorem ipsum 插件中经常使用的快捷键如下。

- Lorem+Tab：用于随机生成一段测试文本。
- Lorem+整数：用于随机生成指定数量的单词。
- Lorem*整数：用于随机生成指定段落的文本。

例 10-5 ▶ 课程与大纲模块的实现代码如下。

```
<body>
    <section id="courses" class="p-4">
        <div class="container">
            <div class="row align-item-center justify-content-between">
                <div class="col-md">
                    <img src="images/tech2.jpg" alt="" class="img-fluid">
                </div>
                <div class="col-md p-3">
                    <h3>关于课程</h3>
                    <ul class="list-unstyled">
                        <li class="mb-2">使用 CSS 高级特效丰富网页元素的呈现方式和效果。
                        </li>
                        <li class="mb-2">
```

< 196 >

```
                                使用 Flex 布局模型，实现移动端网页的基本布局；了解两种移动端网页适
                                配不同分辨率的解决方案，并使用不同的解决方案制作网页元素宽高随着视
                                口的变化而等比例缩放的效果。</li>
                            <li class="mb-2">学习响应式的原理，并使用 Bootstrap 框架完成响应式
                                网页的布局。</li>
                        </ul>
                        <a href="" class="btn btn-dark mt-2">查看更多 &raquo;</a>
                    </div>
                </div>
            </div>
            <div class="container mt-3">
                <div class="row g-2">
                    <div class="col-md">
                        <div class="card bg-info text-light">
                            <div class="card-body text-center">
                                <div class="card-title my-3">前端开发</div>
                                <p class="card-text ">
                                    Lorem, ipsum dolor sit amet consectetur adipisicing ……
                                </p>
                                <a href="" class="btn btn-primary my-3">基础与框架</a>
                            </div>
                        </div>
                    </div>
                    <div class="col-md">
                        <div class="card bg-secondary text-light">
                            <div class="card-body text-center">
                                <div class="card-title my-3">后端开发</div>
                                <p class="card-text ">
                                    Lorem, ipsum dolor sit amet consectetur adipisicing ……
                                </p>
                                <a href="" class="btn btn-primary my-3">语言与数据库</a>
                            </div>
                        </div>
                    </div>
                    <div class="col-md">
                        <div class="card bg-dark text-light">
                            <div class="card-body text-center">
                                <div class="card-title my-3">移动开发</div>
                                <p class="card-text ">
                                    Lorem, ipsum dolor sit amet consectetur adipisicing ……
                                </p>
                                <a href="" class="btn btn-primary my-3">游戏与应用</a>
                            </div>
                        </div>
                    </div>
                </div>
            </div>
        </section>

        <section id="outlines" class="p-4 bg-dark-2 text-light">
            <div class="container">
                <div class="row align-item-center justify-content-between">
                    <div class="col-md p-3">
```

```
        <h3>关于大纲</h3>
        <ul class="list-unstyled">
            <li class="mb-3">Web 开发技术是学生学习其他 Web 类课程的基础，是计算
机与信息技术课程体系中 Web 应用开发类模块中的核心课程之一。
            </li>
            <li class="mb-3">
                通过对网站前端开发技术的学习，学生能掌握网站开发与建设的 HTML、CSS
                及 JavaScript 等基础技术，熟悉以 Bootstrap 为代表的框架技术，为后
                续的 Java……
            </li>
        </ul>
        <a href="" class="btn btn-light mt-2">查看更多 &raquo;</a>
    </div>
    <div class="col-md">
        <img src="images/tech22.jpg" alt="" class="img-fluid">
    </div>
        </div>
    </div>
    </section>
</body>
```

10.4 学习路径、教学团队和问答等模块的设计

学习路径、教学团队
和问答等模块的设计

本节包括 3 部分内容：用列表组组件描述的学习路径、使用栅格系统和卡片组件描述的教学团队、用手风琴组件描述的问答部分。学习路径、教学团队和问答等模块的显示效果如图 10-6 所示。

图 10-6　学习路径、教学团队和问答等模块的显示效果

10.4.1　学习路径模块

学习路径模块应用列表组组件实现，使用了.list-group 类、.list-group-flush 类和.list-group-item 类。为了得到较好的显示效果，用 CSS 定义 li:hover 样式，当鼠标指针悬停在列表项上时，背景颜色和文

< 198 >

本颜色发生改变，代码如下。

```
#path ul li:hover {
  background: #eee !important;
  color:#219150;
  transition: 0.2s linear;
}
```

例 10-6 学习路径模块的实现代码如下。

```
<body>
    <section id="path" class="p-4">
        <div class="container">
            <h3 class="text-center mb-3">学习路径</h3>
            <ul class="list-group list-group-flush">
                <li class="list-group-item my-2">
                    前端基础 <span class="small text-black-50">HTML,CSS,JavaScript
                    </span>→前端进阶→前端框架<span
                        class="small text-black-50">JQuery,jQuery UI,JQuery Mobile,
                    Ext JS ,AngularJS</span>→HTML5 游戏
                </li>
                <li class="list-group-item my-2">
                    后端开发→Python <span class="small text-black-50">Python 基础
                    web2pyDjangoFlaskGUI 数据挖掘与分析
                    </span>→PHP→Node.js→J2EE
                </li>
                <li class="list-group-item my-2">
                    应用开发（AndroidiOS）→游戏开发（CocosUnity3DSpriteKit 2DUnreal）
                    →常用框架（CordovaReact Native）
                </li>
            </ul>
        </div>
    </section>
<body>
```

10.4.2 教学团队模块

教学团队模块使用栅格布局，并在具体的栅格中应用卡片组件。

1. 栅格布局和卡片组件

使用.container 类、.row 类、.col-md-6 类、.col-lg-3 类创建栅格布局，代码如下。

```
<div class="container">
    <div class="row">
        <div class="col-md-6 col-lg-3">
        <!--Card 组件-->
        </div>
        <div class="col-md-6 col-lg-3">
        <!--Card 组件-->
        </div>
        <div class="col-md-6 col-lg-3">
        <!--Card 组件-->
        </div>
        <div class="col-md-6 col-lg-3">
```

< 199 >

```
            <!--Card组件-->
        </div>
    </div>
</div>
```

以上代码在大型及以上类型的设备中，每行显示 4 列；在中型设备中，每行显示 2 列；在小型和超小型设备中堆叠显示。

卡片组件的应用请参考 10.3 节。

2. CSS 样式

为了得到比较好的显示效果，为卡片组件设计了 hover 状态的显示效果。当鼠标指针悬浮在卡片组件上时，背景颜色和文本颜色发生变化。CSS 样式的代码如下。

```css
#group .card:hover {
  background: #219150 !important;
  transition: 0.3s linear;
}
#group .card:hover h4,#group .card:hover p{
  color: #fff !important;
  transition: 0.3s linear;
}
```

例 10-7 教学团队模块的实现代码如下。

```html
<body>
    <section id="group" class="p-4 bg-dark-2">
        <div class="container">
            <div class="row g-2">
                <h3 class="text-white">教学团队</h3>
                <p class="lead text-white">专注于 Java、Python、人工智能、大数据、前端热
                门专业，建立专职科研团队及教学团队，形成严格的筛选体系。 </p>
                <div class="col-md-6 col-lg-3">
                    <div class="card bg-light">
                        <div class="card-body text-center">
                            <img src="images/head1.png" alt="" class="rounded-circle
                            img-fluid mb-3" />
                            <h4 class="card-title">Trump</h4>
                            <p class="card-text small">
                                资深 Web 前端开发工程师，主持过多项大型项目。
                            </p>
                        </div>
                    </div>
                </div>
                <div class="col-md-6 col-lg-3">
                    <div class="card bg-light">
                        <div class="card-body text-center">
                            <img src="images/head2.png" alt="" class="rounded-circle
                            img-fluid mb-3" />
                            <h4 class="card-title">Rose</h4>
                            <p class="card-text small">
                                十年开发经验，精通 Java、Oracle、Python。
                            </p>
                        </div>
                    </div>
                </div>
                <div class="col-md-6 col-lg-3">
```

< 200 >

```
            <div class="card bg-light">
                <div class="card-body text-center">
                    <img src="images/head3.png" alt="" class="rounded-circle
                    img-fluid mb-3" />
                    <h4 class="card-title">Allen</h4>
                    <p class="card-text small">
                        Eos officiis culpa soluta labore molestiae dolores?
                    </p>
                </div>
            </div>
        </div>
        <div class="col-md-6 col-lg-3">
            <div class="card bg-light">
                <div class="card-body text-center">
                    <img src="images/head4.png" alt="" class="rounded-circle
                    img-fluid mb-3" />
                    <h4 class="card-title">Lucy</h4>
                    <p class="card-text small">
                        Necessitatibus repudiandae impedit sunt maiores fugit.
                    </p>
                </div>
            </div>
        </div>
    </div>
  </div>
</section>
<script src="../bootstrap-5.1.3-dist/js/bootstrap.bundle.js"></script>
</body>
```

图 10-7 是在中型设备中，鼠标指针悬浮在卡片组件上的显示效果。

图 10-7　中型设备中鼠标指针悬浮在卡片组件上的显示效果

< 201 >

10.4.3 问答模块

问答模块使用了手风琴组件，直接从 Bootstrap 5 文档中复制代码，并略作修改即可。在问答模块，应用.accordion、.accordion-flush、.accordion-item、.accordion-header、.accordion-body 等类。

例 10-8 问答模块的实现代码如下。

```
<body>
    <section class="p-4">
        <div class="container">
            <h3 class="text-center mb-3">Question & Answer</h3>
            <div class="accordion accordion-flush" id="accordionFlushExample">
                <div class="accordion-item">
                    <h2 class="accordion-header" id="flush-headingOne">
                        <button class="accordion-button collapsed" type="button" data-
                        bs-toggle="collapse" data-bs-target="#flush-collapseOne" aria-
                        expanded="false" aria-controls="flush-collapseOne">
                            前端开发包括哪些内容?
                        </button>
                    </h2>
                    <div id="flush-collapseOne" class="accordion-collapse collapse"
                    aria-labelledby="flush-headingOne" data-bs-parent="#accordion
                    FlushExample">
                        <div class="accordion-body">
                            <ul class="list-group list-group-flush">
                                <li class="list-group-item">前端基础: HTMLCSSJavaScript
                                HTML5CSS3 技术前瞻</li>
                                <li class="list-group-item">前端进阶: Typescript 前端安
                                全项目实战</li>
                                <li class="list-group-item">前端框架: jQueryjQuery
                                UIjQuery MobileExt JSAngularJSReactJSBootstrapReact
                                NativeBackboneThree.jsMooToolsCompass</li>
                            </ul>
                        </div>
                    </div>
                </div>
                <div class="accordion-item">
                    <h2 class="accordion-header" id="flush-headingTwo">
                        <button class="accordion-button collapsed" type="button"
                        data-bs-toggle="collapse" data-bs-target="#flush-
                        collapseTwo" aria-expanded="false" aria-controls="flush-
                        collapseTwo">
                            后端开发包括哪些内容?
                        </button>
                    </h2>
                    <div id="flush-collapseTwo" class="accordion-collapse collapse"
                    aria-labelledby="flush-headingTwo" data-bs-parent="#accordion
                    FlushExample">
                        <div class="accordion-body">Placeholder content……</div>
                    </div>
                </div>
                <div class="accordion-item">
```

< 202 >

```
              <h2 class="accordion-header" id="flush-headingThree">
                  <button class="accordion-button collapsed" type="button"
                  data-bs-toggle="collapse" data-bs-target="#flush-collapse
                  Three" aria-expanded="false"
aria-controls="flush-collapseThree">
                      移动开发包括哪些内容?
                  </button>
              </h2>
              <div id="flush-collapseThree" class="accordion-collapse collapse"
aria-labelledby="flush-headingThree" data-bs-parent="#accordionFlushExample">
                  <div class="accordion-body">Placeholder content for this
                  accordion, which is intended to…</div>
              </div>
          </div>
      </div>
    </div>
  </section>
  <script src="../bootstrap-5.1.3-dist/js/bootstrap.bundle.js"></script>
</body>
```

10.5　页脚部分的设计

页脚部分用 footer 元素声明，使用栅格系统设计布局。每个栅格的内容均由 nav 组件描述，还使用 CSS 实现了页脚内容的动态效果。页脚的显示效果如图 10-8 所示。

图 10-8　页脚的显示效果

1. 栅格布局

页脚的栅格使用代码<div class="col-md-3 col-sm-6">…</div>描述，在中型及以上设备中每行显示 4 列，在小型设备中每行显示 2 列，在超小型设备中从上到下堆叠显示。代码<div class="col-12">…</div>表示通栏显示页脚信息。

栅格布局代码如下。

```
<div class="container">
    <div class="row">
        <div class="col-md-3 col-sm-6">…
        </div>
        <div class="col-md-3 col-sm-6">…
        </div>
        <div class="col-md-3 col-sm-6">…
        </div>
```

< 203 >

```
            <div class="col-md-3 col-sm-6">…
            </div>
            <div class="col-md-3 col-sm-6">…
            </div>
            <div class="col-12">
              …
            </div>
        </div>
</div>
```

2. nav 组件

页脚的每个栅格的内容是一个 nav 组件，使用了 .nav、.nav-item、.nav-link 等类，.flex-column 类的作用是使列表项的内容堆叠排列。可以直接从 Bootstrap 5 文档中复制代码并修改。核心代码如下。

```
<ul class="nav flex-column">
    <li class="nav-item"><a class="nav-link" href="#">…</a></li>
    <li class="nav-item"><a class="nav-link" href="#">…</a></li>
    <li class="nav-item"><a class="nav-link" href="#">…</a></li>
    <li class="nav-item"><a class="nav-link" href="#">…</a></li>
</ul>
```

3. Font Awesome 图标和 CSS 样式

在页脚部分使用 Font Awesome 图标，并使用 CSS 定义 Font Awesome 图标的颜色。页脚部分还定义了当鼠标指针悬浮在 nav 组件的列表项上时， i 元素的 margin-right 属性值和文本的 color 属性值，以实现悬浮的动态效果，CSS 样式的代码如下。

```
footer ul li a i {
  color: #219150;
}
footer ul li:hover a i {
  margin-right: 1rem;
  transition: 0.3s linear;
}
footer ul li a:hover {
  color: #219150 !important;
  transition: 0.3s linear;
}
```

例 10-9 页脚的实现代码如下。

```
<body>
    <footer class="p-4 bg-dark text-white">
        <div class="container">
            <div class="row gy-4">
                <div class="col-md-3 col-sm-6">
                    <h3 class="mb-4">更多链接</h3>
                    <ul class="nav flex-column">
                        <li class="nav-item"><a class="nav-link" text-white" href=
                        "#">主页</a></li>
                        <li class="nav-item"><a class="nav-link" text-white" href=
                        "#">关于</a></>
                        <li class="nav-item"><a class="nav-link" text-white" href=
                        "#">评价</a></li>
                        <li class="nav-item"><a class="nav-link" text-white" href=
                        "#">技术与支持</a></li>
```

< 204 >

```
        </ul>
    </div>
    <div class="col-md-3 col-sm-6">
        <h3 class="mb-4">为您服务</h3>
        <ul class="nav flex-column">
            <li class="nav-item"><a class="nav-link text-white" href=
            "#">服务宗旨</a></li>
            <li class="nav-item"><a class="nav-link text-white" href=
            "#">联系客服</a></>
            <li class="nav-item"><a class="nav-link text-white" href=
            "#">使用帮助</a></li>
            <li class="nav-item"><a class="nav-link text-white" href=
            "#">隐私政策</a></li>
        </ul>
    </div>
    <div class="col-md-3 col-sm-6">
        <h3 class="mb-4">联系我们</h3>
        <ul class="nav flex-column">
            <li class="nav-item">
                <a class="nav-link text-white" href="#">
                    <i class="fa-solid fa-phone-flip"></i> +86-1868686868
                </a>
            </li>
            <li class="nav-item">
                <a class="nav-link text-white" href="">
                    <i class="fa-solid fa-envelope"></i> weblearning@gmail.com
                </a>
            </li>
            <li class="nav-item">
                <a class="nav-link text-white" href="#">
                    <i class="fa-solid fa-map"></i> Dalian, Liaoning - 116000
                </a>
            </li>
        </ul>
    </div>
    <div class="col-md-3 col-sm-6">
        <h3 class="mb-4">关注我们</h3>
        <ul class="nav flex-column">
            <li class="nav-item">
                <a class="nav-link text-white" href="#">
                    <i class="fa-brands fa-weibo"></i>  微博
                </a>
            </li>
            <li class="nav-item">
                <a class="nav-link text-white" href="#">
                    <i class="fa-brands fa-weixin"></i>  微信
                </a>
            </li>
            <li class="nav-item">
                <a class="nav-link text-white" href="#">
                    <i class="fa-brands fa-qq"></i>  QQ
                </a>
            </li>
```

< 205 >

```html
            <li class="nav-item">
                <a class="nav-link text-white" href="#">
                    <i class="fa-brands fa-twitter"></i>  Twitter
                </a>
            </li>
            <li class="nav-item">
                <a class="nav-link text-white" href="#">
                    <i class="fa-brands fa-github"></i>  Github
                </a>
            </li>
        </ul>
    </div>
    <div class="col-12">
        <p class="lead text-center">Copy &copy; 2022 Web 前端开发技术</p>
    </div>
    </div>
    </div>
</footer>
<script src="../bootstrap-5.1.3-dist/js/bootstrap.bundle.js"></script>
</body>
```

习题

1. 简答题

（1）本章案例使用了 header、footer、section、nav 等 HTML5 结构元素，HTML5 还有哪些结构元素？有什么特点？

（2）本章案例定义了部分 CSS 样式，例如下面的代码。

```css
@media (min-width: 768px) {
  .display-md-4 {
    font-size: 3.5rem !important;
  }
  .fs-md-5{
    font-size:1.25rem !important;
  }
}
#group .card:hover {
  background: #219150 !important;
  transition: 0.3s linear;
}
```

在设置 font-size 属性或 background 属性时，加入了!important 选项。是否可以不加该选项？为什么？

（3）参考 10.2.3 小节，用于实现搜索功能的输入框组件在大型以上设备中，文本占 40%，搜索框占 60%，请设计媒体查询实现。

（4）在 Font Awesome 官网下载 Font Awesome 6.1.1 图标库，查找部分图标并在 HTML 文件中应用。

2. 操作题

（1）使用轮播组件实现 10.2.2 小节的 banner 栏目。

（2）参考本章案例，完成下面的页面设计，要求如下。

- 页面应用栅格布局，在中型及以上设备中，显示效果如图 10-9 所示；在小型设备中，显示效果如图 10-10 所示；在超小型设备中，堆叠显示。
- 栅格中的内容使用卡片组件实现，也可以定义 CSS 样式实现。

< 206 >

- 引入并应用 Font Awesome 图标。
- 设置鼠标指针悬浮状态时的 CSS 样式。

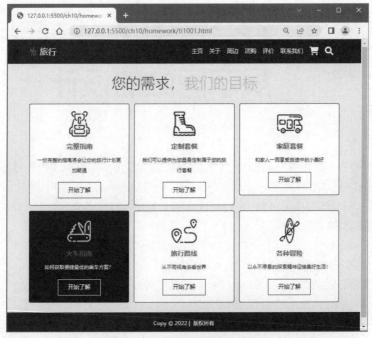

图 10-9　在中型设备中的显示效果

图 10-10　在小型设备中的显示效果

< 207 >

第11章 综合案例 2——产品展示网站的设计

本章将通过一个实用的、具有现代风格的产品展示网站的设计案例来帮助读者更好地掌握 Bootstrap 5 的内容。本章案例以 Bootstrap 5 为基础，引用 Swiper 插件；在字体图标上，使用区别于 Font Awesome 字体图标的 Bootstrap 5 Icons；在页面效果上，将设计更丰富的 CSS 样式。

本章主要包括以下内容。

- 页面结构设计。
- 引入 Web 框架。
- 页头部分和轮播模块的设计。
- 热点机型、智能电视和特色产品等模块的设计。
  - 附件和页脚的设计。

11.1 页面分析

页面分析（2）

11.1.1 页面结构设计

使用 HTML5 结构元素来描述页面，页面的主体结构描述如图 11-1 所示。

页头	header #nav0
	header #nav1
轮播	carousel
热点机型	section#mobiles
智能电视	section#oppotv
特色产品	section#product
附件	section#additional
页脚	footer

图 11-1 页面的主体结构描述

按照图 11-1 所示的主体结构设计的页面在大型设备中的显示效果如图 11-2 和图 11-3 所示。

图 11-2　大型设备中页面的显示效果（上半部分）

图 11-3　大型设备中页面的显示效果（下半部分）

< 209 >

11.1.2 引入 Web 框架

引入 Bootstrap 5 的 CSS 文件和 JavaScript 文件，并引入 Bootstrap 5 的字体图标库 Bootstrap Icons。页面的轮播部分使用 Swiper 插件，此外还需要引入 swiper-bundle.min.css 和 swiper-bundle.min.js 文件。

例 11-1 产品展示网站页面布局的实现代码如下。

```
<!DOCTYPE html>
<html lang="en">
<head>
    <meta charset="UTF-8">
    <meta name="viewport" content="width=device-width, initial-scale=1.0">
    <link rel="stylesheet" href="../bootstrap-5.1.3-dist/css/bootstrap.css" />
    <!--下面代码引入 Swiper 插件-->
    <link rel="stylesheet" href="swiper/swiper-bundle.min.css">
    <!--下面代码引入 Bootstrap 5 字体图标库-->
    <link rel="stylesheet" href="icons-1.5.0/font/bootstrap-icons.css">
    <!--下面代码引入用户自定义样式-->
    <link rel="stylesheet" href="ex1100.css">
    <title></title>
</head>
<body>
    <header id="header" class="bg-dark">
        <div id="top" class="py-1 bg-success">
        </div>
        <nav id="nav0" class="container">
        <!--顶部导航-->
        </nav>
        <nav id="nav1" class="navbar navbar-expand-lg navbar-light bg-light1">
        <!--主导航-->
        </nav>
    </header>
    <section id="carousel1" class="py-6">
        <!--轮播-->
    </section>
    <section id="mobiles" class="bg-light1 py-4">
        <!--热点机型-->
    </section>
    <section id="oppotv" class="bg-light1 py-4">
        <!--智能电视-->
    </section>
    <section id="product" class="bg-light1 py-4">
        <!--特色产品-->
    </section>
    <section id="additional" class="py-4">
        <!--附加信息-->
    </section>
    <footer class="bg-dark py-3">
        <!--页脚-->
    </footer>
    <script src="../bootstrap-5.1.3-dist/js/bootstrap.bundle.js"></script>
    <script src="swiper/swiper-bundle.min.js"></script>
</body>
</html>
```

< 210 >

11.1.3　案例中的全局样式

为了保证页面在不同浏览器中呈现一致的显示效果，设计尽可能简单的全局样式，代码如下。

```
* {
    margin: 0;
    padding: 0;
}
a {
    text-decoration: none;
}
.bg-light1 {
    background-color: rgb(238, 238, 238);
}
```

其中，.bg-light1 类用于设置主导航及页面不同部分的背景颜色。

11.2　页头部分的设计

页头部分的设计
（2）

页头部分由 header 元素声明，包括一个用于页面修饰的 div#top 元素，用 nav 元素定义的顶部导航和主导航在中型设备中的显示效果如图 11-4 所示。

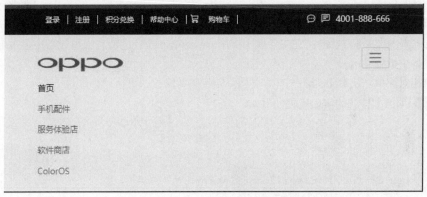

图 11-4　页头部分在中型设备中的显示效果

1. 顶部导航布局

顶部导航使用嵌套的弹性布局来描述，是一种典型的 DIV+CSS 布局。外层的弹性布局描述的是左侧菜单和右侧联系方式的排列格式。内层的弹性布局作用在 ul 元素上，为 ul 元素应用.list-inline 类，将其定义为水平列表。布局代码如下。

```
<div class="d-flex">
    <div class="pt-2">
        <ul class="list-inline d-flex">
            ...
        </ul>
    </div>
    <div class="py-2 d-none d-md-block ms-auto">
        ...
    </div>
</div>
```

< 211 >

2. 顶部导航中的 CSS 样式

在顶部导航中，为列表项（li 元素）中的超链接（a 元素）设置行高、文本颜色、边框等属性，并设置鼠标指针悬浮时的效果。CSS 样式的代码如下。

```
#nav0 ul li a {
    line-height: 24px;
    height: 24px;
    color: #faf2cc;
    padding: 0 15px;
    border-right: 1px solid #faf2cc;
    text-decoration: none;
}
#nav0 ul li a:hover {
    color: rgb(0, 148, 100);
}
```

在小型设备中，文字大小用.small 类描述；在中型及以上设备中，使用媒体查询定义控制文字大小的.fs-a 类。

```
@media (min-width:768px) {
    .fs-a {
        font-size: 1rem;
    }
}
```

3. 主导航

主导航使用 Bootstrap 5 的 Navbar 组件设计。使用.navbar-brand 类设计项目 Logo，并在其中嵌入用.img-fluid 类描述的响应式图片。在主导航中应用.navbar-expand-lg 类，在大型设备中显示导航栏内容，在中小型设备中折叠显示。

主导航相对简单，从 Bootstrap 5 官方文档复制代码并修改即可。

例 11-2 顶部主导航的实现代码如下。

```
<body>
    <header id="header" class="bg-dark">
        <div id="top" class="py-1 bg-success">
        </div>
        <nav id="nav0" class="container">
            <div class="d-flex text-white">
                <div class="pt-2">
                    <ul class="list-inline d-flex">
                        <li class=""><a class="small fs-a" href="">登录</a></li>
                        <li class=""><a class="small fs-a" href="">注册</a></li>
                        <li class=""><a class="small fs-a" href="">积分兑换</a></li>
                        <li class=""><a class="small fs-a" href=""> 帮助中心</a></li>
                        <li class="ms-2"><i class="bi bi-card3"></i>
                            <a class="shop_car small fs-a" href=""> 购物车</a>
                        </li>
                    </ul>
                </div>
                <div class="py-2 u-sm-hide ms-auto">
                    <i class="bi bi-chat-dots me-2"></i>
                    <i class="bi bi-chat-left-text me-2"></i>
                    <span class="">4001-888-666</span>
                </div>
            </div>
```

< 212 >

```
    </nav>
    <nav id="nav1" class="navbar navbar-expand-lg navbar-light bg-light1">
        <div class="container">
            <a class="navbar-brand" href="#">
                <img src="images/logo.png" class="img-fluid" alt="">
            </a>
            <button class="navbar-toggler" type="button" data-bs-toggle="collapse"
                data-bs-target="#navbarSupportedContent" aria-controls="navbar
                SupportedContent">
                <span class="navbar-toggler-icon"></span>
            </button>
            <div class="collapse navbar-collapse" id="navbarSupportedContent">
                <ul class="navbar-nav ms-auto mb-2 mb-lg-0">
                    <li class="nav-item">
                        <a class="nav-link active" href="#">首页</a>
                    </li>
                    <li class="nav-item">
                        <a class="nav-link" href="#">手机配件</a>
                    </li>
                    <li class="nav-item">
                        <a class="nav-link" href="#" tabindex="-1" aria-disabled=
                        "true">服务体验店</a>
                    </li>
                    <li class="nav-item">
                        <a class="nav-link" href="#">软件商店</a>
                    </li> <li class="nav-item">
                    <a class="nav-link" href="#">ColorOS</a>
                    </li> </ul>
            </div>
        </div>
    </nav>
</header>
<script src="../bootstrap-5.1.3-dist/js/bootstrap.bundle.js"></script>
</body>
```

11.3　轮播模块的设计

轮播模块的设计

本章案例使用 Swiper 插件设计轮播，而没有使用 Bootstrap 5 的轮播组件。Swiper 是基于 JavaScript 的滑动特效插件，用于移动端和 PC 端的 Web 前端开发中的轮播设计。

1. Swiper 插件的特点

Swiper 是免费、开源、使用 JavaScript 开发的轮播插件，无第三方依赖。Swiper 插件使用简单，中文文档详细，支持在 React、Vue、Angular 等主流框架中使用。

Swiper 插件可以从官网下载，当前版本是 Swiper 8，该网站大量的示例可满足用户开发 banner 焦点图、菜单等需求。

2. Swiper 文档

Swiper 官网给出了详细的制作轮播图的说明，还包括 Swiper 插件 API 的使用指南。图 11-5 所示的是官网中简明的 Swiper 中文教程。

< 213 >

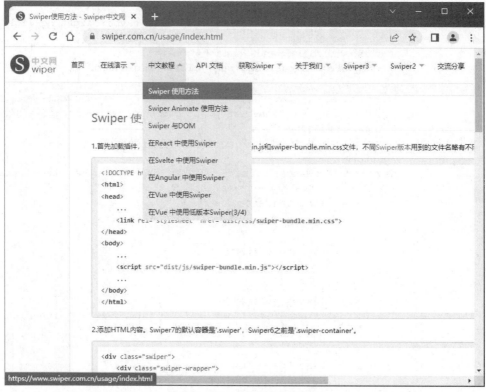

图 11-5　Swiper 官网的中文教程

3. 使用 Swiper 设计轮播图的步骤

参考 Swiper 官网的使用指南，设计轮播图的步骤如下。

第一步，引用插件，加载 swiper-bundle.min.js 和 swiper-bundle.min.css 文件。可使用下载的 Swiper 插件或 CDN。

第二步，设计 HTML 的内容。Swiper 8 的默认容器用.swiper 类说明，从官网复制代码并略做修改即可。

第三步，如果需要，使用 CSS 定义 Swiper 容器的大小或其中图片的大小。本章案例对图片大小的定义如下。

```css
.mySwiper img {
    max-width: 100%;
    height: auto;
}
```

第四步，使用 JavaScript 代码初始化 Swiper。例如，设置是否循环播放，轮播项目的间隔，是否显示分页器、滚动条、前进后退按钮等。具体参考例 11-3 的代码。

例 11-3　用 Swiper 插件设计轮播图，代码如下。

```html
<!DOCTYPE html>
<html lang="en">
<head>
    <meta charset="UTF-8">
    <meta name="viewport" content="width=device-width, initial-scale=1.0">
    <link rel="stylesheet" href="../bootstrap-5.1.3-dist/css/bootstrap.css" />
    <link rel="stylesheet" href="swiper/swiper-bundle.min.css">
    <link rel="stylesheet" href="ex1100.css">
    <title>Document</title>
```

< 214 >

```html
</head>
<body>
    <section id="carousel1" class="py-6">
        <div class="swiper mySwiper">
            <div class="swiper-wrapper">
                <div class="swiper-slide">
                    <img src="images/banner1.jpg" alt="">
                </div>
                <div class="swiper-slide">
                    <img src="images/banner2.jpg" alt="">
                </div>
                <div class="swiper-slide">
                    <img src="images/banner3.jpg" alt="">
                </div>
                <div class="swiper-slide">
                    <img src="images/banner4.jpg" alt="">
                </div>
            </div>
            <!--如果需要分页器-->
            <div class="swiper-pagination"></div>
            <!--如果需要前进后退按钮-->
            <div class="swiper-button-prev"></div>
            <div class="swiper-button-next"></div>
            <!--如果需要滚动条-->
            <div class="swiper-scrollbar"></div>
        </div>
    </section>

    <script src="../bootstrap-5.1.3-dist/js/bootstrap.bundle.js"></script>
    <script src="swiper/swiper-bundle.min.js"></script>
    <script>
        var mySwiper = new Swiper('.swiper', {
            loop: true,
            grabCursor: true,
            spaceBetween: 20,
            autoplay: {
                delay: 2000,
            },
            //如果需要分页器
            pagination: {
                el: '.swiper-pagination',
            },
            //如果需要前进后退按钮
            navigation: {
                nextEl: '.swiper-button-next',
                prevEl: '.swiper-button-prev',
            },
            // 如果需要滚动条
            scrollbar: {
                el: '.swiper-scrollbar',
            },
        })
    </script>
</body>
</html>
```

< 215 >

11.4 热点机型和智能电视模块的设计

热点机型模块和智能电视模块都使用栅格系统完成布局设计，前者使用 Bootstrap 5 的栅格类，后者侧重使用媒体查询来定义符合用户需求的栅格类。这两部分在中型设备中的显示效果如图 11-6 所示。

图 11-6　热点机型和智能电视模块在中型设备中的显示效果

11.4.1　热点机型模块的设计

热点机型模块的设计

热点机型模块使用栅格布局，并在具体的栅格中应用卡片组件。

1. 栅格布局和卡片组件

使用.container 类、.row 类、.col-md-6 类、.col-lg-3 类创建栅格布局，代码如下。

```
<section id="mobiles" class="bg-light1 py-4">
    <div class="container">
        <div class="row g-3">
            <div class="col-lg-3 col-6">
            <!--Card 组件-->
            </div>
            <div class="col-lg-3 col-6">
```

< 216 >

```
    <!--Card 组件-->
    </div>
    <div class="col-lg-3 col-6">
    <!--Card 组件-->
    </div>
    <div class="col-lg-3 col-6">
    <!--Card 组件-->
    </div>
    </div>
    </div>
</section>
```

以上代码在大型及以上类型设备中每行显示 4 列，在中型设备中每行显示 2 列，在小型和超小型设备中堆叠显示。

卡片组件应用.card 类、.card-body 类、.card-img-top 类等。

2．CSS 样式

在显示效果方面，为卡片组件设计悬浮效果，并设计卡片组件中图片的宽度、卡片组件中文本的颜色和文字大小。CSS 样式的代码如下。

```css
#mobiles .card {
    float: left;
    border-bottom: 3px solid #f2f2f2;
    transition: all 0.3s;
}
#mobiles .card:hover {
    border-bottom: 3px solid #57b59d;
    transform: translateY(-10px);
}
#mobiles .card img {
    width: 240px;
}
#mobiles .card .camera {
    font-size: 12px;
    color: rgb(189, 189, 189);
}
#mobiles .card .price {
    color: #459260;
    font-size: 12px;
}
#mobiles .card span {
    display: inline-block;
    width: 18px;
    height: 13px;
    background: url('images/icons-1.png') no-repeat -173px -1014px;
}
```

例 11-4 热点机型模块的实现代码如下。

```html
<body>
    <section id="mobiles" class="bg-light1 py-4">
        <div class="container">
            <h3 class="text-center text-warning fw-border py-3 mb-3">OPPO 热点机型</h3>
            <div class="row g-3">
                <div class="col-lg-3 col-6">
                    <a href="">
                        <div class="card">
```

< 217 >

```
                <img src="images/tu-b4.jpg" class="card-img-top" alt="...">
                <div class=" card-img-top ">
                    <h2 class="small text-center fw-normal m-1">Find X 系
列</h2>
                    <p class="camera small text-center m-1">5G 全网通, 10
亿色臻彩屏</p>
                    <p class="price text-center m-1">¥5299 立即购买<span>
</span></p>
                </div>
            </div>
        </a>
    </div>
    <div class="col-lg-3 col-6">
        <a href="">
            <div class="card">
                <img src="images/tu-b1.jpg" class="card-img-top" alt="...">
                <div class="card-body">
                    <h2 class="small text-center fw-normal m-1">Reno 系列</h2>
                    <p class="camera small text-center m-1">前置 3200 万超
感光猫眼镜头</p>
                    <p class="price text-center m-1">¥3699 立即购买<span>
</span></p>
                </div>
            </div>
        </a>
    </div>
    <div class="col-lg-3 col-6">
        <a href="">
            <div class="card">
                <img src="images/tu-b3.jpg" class="card-img-top" alt="...">
                <div class="card-body">
                    <h2 class="small text-center fw-normal m-1">K 系列</h2>
                    <p class="camera small text-center m-1">后置 6400 万像
素超感摄镜头</p>
                    <p class="price text-center m-1">¥2799 立即购买<span>
</span></p>
                </div>
            </div>
        </a>
    </div>
    <div class="col-lg-3 col-6">
        <a href="">
            <div class="card">
                <img src="images/tu-b2.jpg" class="card-img-top" alt="...">
                <div class="card-body">
                    <h2 class="small text-center fw-normal m-1">A 系列</h2>
                    <p class="camera small text-center m-1">3200 万电动旋
转摄像头</p>
                    <p class="price text-center m-1">¥3999 立即购买<span>
</span></p>
                </div>
```

< 218 >

```
            </div>
        </a>
    </div>
  </div>
 </div>
</section>
<!--其他模块-->
</body>
```

11.4.2　智能电视模块的设计

智能电视模块的栅格布局较复杂，该模块包括两种类型的图片（简称大图和小图），为了实现比较好的显示效果，在中型以下设备中，设计大图占行宽的 50%，小图占行宽的 25%；在中型及以上设备中，设计大图占行宽的 40%，小图占行宽的 20%，使用媒体查询技术实现。用户自定义栅格的 CSS 代码如下，下面的代码还设计了鼠标指针在图片上悬浮的动态效果。

```css
@media (min-width:768px) {
    .col1 {
        flex: 0 0 auto;
        width: 20% !important;
    }
    .col2 {
        flex: 0 0 auto;
        width: 40% !important;
    }
}
#oppotv img:hover {
    border-bottom: 3px solid #57b59d;
    transform: translateY(-15px);
    transition: all 0.3s;
}
```

例 11-5　智能电视模块的实现代码如下。

```html
<body>
    ...
    <section id="oppotv" class="bg-light1 py-4">
        <div class="container">
            <h3 class="text-center text-success fw-bolder py-3 mb-3">OPPO 智能电视</h3>
            <div class="row g-3">
                <div class="w-50 col2">
                    <a href="">
                        <img src="images/oppo-tv1.jpg" class="img-fluid " alt="">
                    </a>
                </div>
                <div class="w-25 col1">
                    <a href="">
                        <img src="images/oppo-tv2.jpg" class="img-fluid img-thumbnail"
                        alt="">
                    </a>
                </div>
                <div class="w-25 col1">
                    <a href="">
                        <img src="images/oppo-tv3.jpg" class="img-fluid img-thumbnail"
                        alt="">
                    </a>
```

< 219 >

```
        </div>
        <div class="w-25 col1">
            <a href="">
                <img src="images/oppo-tv4.jpg" class="img-fluid img-thumbnail"
                alt="">
            </a>
        </div>
        <div class="w-25 col1">
            <a href="">
                <img src="images/oppo-tv5.jpg" class="img-fluid img-thumbnail"
                alt="">
            </a>
        </div>
        <div class="w-25 col1">
            <a href="">
                <img src="images/oppo-tv6.jpg" class="img-fluid img-thumbnail"
                alt="">
            </a>
        </div>
        <div class="w-25 col1"><a href="">
                <img src="images/oppo-tv7.jpg" class="img-fluid img-thumbnail"
                alt="">
            </a>
        </div>
        <div class="w-25 col1"><a href="">
                <img src="images/oppo-tv8.jpg" class="img-fluid img-thumbnail
                " alt="">
            </a>
        </div>
        <div class="w-25 col1">
            <a href="">
                <img src="images/oppo-tv9.jpg" class="img-fluid img-thumbnail"
                alt="">
            </a>
        </div>
      </div>
    </div>
  </section>
  <script src="../bootstrap-5.1.3-dist/js/bootstrap.bundle.js"></script>
</body>
```

11.5 特色产品模块的设计

特色产品模块
的设计

特色产品模块的设计要点：一是嵌套的栅格布局，二是使用标签页组件，三是 CSS 设计。页面效果如图 11-7 所示。

1. 栅格布局

左侧的特色产品栏目和右侧的新闻栏目分别置于 div.col-lg-8 和 div.col-lg-4 两个栅格中，在大型以上设备中左侧占 8 列，右侧占 4 列，否则从上到下堆叠显示。在左侧的栅格中，分两行，每行用.col-6 类修饰，表示占行宽度的 50%。嵌套的栅格布局的结构描述如图 11-8 所示，代码如下。

< 220 >

图 11-7　特色产品模块的显示效果

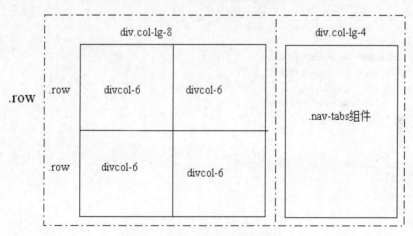

图 11-8　嵌套的栅格布局的结构描述

```html
<section id="product" class="bg-light py-4">
    <div class="container">
        <div class="row">
            <div class="col-lg-8">
                <div class="row mb-3">
                    <div class="col-6">
                        ...
                    </div>
                    <div class="col-6">
                        ...
                    </div>
                </div>
                <div class="row mb-3">
```

< 221 >

```
                    <div class="col-6">
                        ...
                    </div>
                    <div class="col-6">
                        ...
                    </div>
                </div>
            </div>
            <div class="col-lg-4 right">
                <!--标签页组件-->
            </div>
        </div>
    </div>
</section>
```

2. 标签页组件

新闻栏目使用标签页组件实现。标签页组件包括导航和与导航对应的内容。

导航由列表实现，为 ul 元素添加.nav 类和.nav-tabs 类，使其呈现标签页的样式；在导航部分使用.d-flex 类和.flex-grow-1 类设计导航的样式。

内容部分包含在代码 <div class="tab-content" >...</div>内部，由若干个 div 元素组成。每个 div 元素设置弹性布局，完成其中的图片和文本的布局。这部分的代码框架如下。

```
<div class="col-lg-4 right">
    <ul class="nav nav-tabs d-flex">
        <li class="nav-item flex-grow-1" ></li>
        <li class="nav-item flex-grow-1" ></li>
    </ul>
    <div class="tab-content" >
        <div class="tab-pane">
            <div class="py-1 bg-white"></div>
            <div class="d-flex">
            </div>
            ...
        </div>
        <div class="tab-pane ">
            ...
        </div>
    </div>
</div>
```

3. CSS 样式

CSS 样式主要用来设计鼠标指针悬浮时的动态效果，并设置新闻栏目中图片的大小，代码如下。

```
#product .box1 {
    border-bottom: 3px solid rgb(234, 234, 234);
}
#product .box1:hover {
    border-bottom: 3px solid #56b46b;
    transform: translateY(-10px);
    transition: all 0.5s;
}
#product .right img {
    height: 132px;
}
```

< 222 >

例 11-6 特色产品模块的实现代码如下。

```
<body>
    <section id="product" class="bg-light py-4">
        <div class="container">
            <h3 class="text-center fw-bolder py-3 mb-3">OPPO 特色产品</h3>
            <div class="row">
                <div class="col-lg-8">
                    <div class="row mb-3">
                        <div class="col-6">
                            <div class="box1">
                                <img src="images/tu1.jpg" alt="" class="img-fluid w-100">
                            </div>
                            <p class="text-center small mt-2 fw-normal">
                                <a href="">OPPO Reno8 8G+256G 微醺</a>
                            </p>
                        </div>
                        <div class="col-6">
                            <div class="box1">
                                <img src="images/tu2.jpg" alt="" class="img-fluid w-100">
                            </div>
                            <p class="text-center small mt-2 fw-normal">
                                <a href="">OPPO A96 8G+256G 深海蓝</a>
                            </p>
                        </div>
                    </div>
                    <div class="row mb-3">
                        <div class="col-6">
                            <div class="box1">
                                <img src="images/tu3.jpg" alt="" class="img-fluid w-100">
                            </div>
                            <p class="text-center small mt-2 fw-normal">
                                <a href="">OPPO Pad 6GB+128GB 耀夜黑</a>
                            </p>
                        </div>
                        <div class="col-6">
                            <div class="box1">
                                <img src="images/tu4.jpg" alt="" class="img-fluid w-100">
                            </div>
                            <p class="text-center small mt-2 fw-normal">
                                <a href=""> OPPO Enco Air2 新品真无线蓝牙</a>
                            </p>
                        </div>
                    </div>
                </div> /*end of div.col-lg-8*/
                <div class="col-lg-4 right">
                    <ul class="nav nav-tabs d-flex " id="myTab" role="tablist">
                        <li class="nav-item flex-grow-1 lh-lg " role="presentation">
                            <span class="nav-link active w-100" id="home-tab" data-
                            bs-toggle="tab" data-bs-target="#home" type="button">新
                            闻</span>
                        </li>
                        <li class="nav-item flex-grow-1 lh-lg" role="presentation">
                            <span class="nav-link w-100" id="profile-tab" data-bs-
                            toggle="tab" data-bs-target="#profile" type="button">
                            微博</span>
```

< 223 >

```
                  </li>
              </ul>
              <div class="tab-content" id="myTabContent">
                  <div class="tab-pane fade show active bg-white" id="home"
                  role="tabpanel" aria-labelledby="home-tab">
                      <div class="py-1 bg-white"></div>
                      <div class="d-flex mb-2 bg-light1">
                          <div class="me-2"><img src="images/tu-a1.jpg" alt="">
                          </div>
                          <div class="small mt-1">OPPO R5 金色版，打造纽约时装周梦
                          幻之旅</div>
                      </div>

                      <div class="d-flex mb-2 bg-light1">
                          <div class="me-2"><img src="images/tu-a2.jpg" alt="">
                          </div>
                          <div class="small mt-1">OPPO 支持 ColorOS 12 的跨设备互
                          融方案，手机和电脑通过"跨屏互联"建立连接</div>
                      </div>
                      <div class="d-flex mb-2 bg-light1">
                          <div class="me-2"><img src="images/tu-a3.jpg" alt="">
                          </div>
                          <div class="small mt-1">2022 Renovators 全球青年创享计
                          划</div>
                      </div>
                      <div class="d-flex mb-2 bg-light1">
                          <div class="me-2"><img src="images/tu-a4.jpg" alt="">
                          </div>
                          <div class="small mt-1">OPPO 与欧洲足球协会联盟达成官方合
                          作伙伴关系</div>
                      </div>
                  </div>
                  <div class="tab-pane fade bg-white" id="profile" role="tabpanel"
                  aria-labelledby="profile-tab">
                      <div class="py-1 bg-white"></div>
                      <div class="bg-light1">
                          Lorem ipsum ……
                      </div>
                  </div>
              </div>
          </div> /*end of div.col-lg-4*/
      </div>
  </div>
</section>
<script src="../bootstrap-5.1.3-dist/js/bootstrap.bundle.js"></script>
</body>
```

11.6 附件和页脚的设计

附件部分使用栅格系统实现布局，页脚部分使用弹性布局，显示效果如图 11-9 所示。

< 224 >

图 11-9   附件及页脚的显示效果

1. 附件部分

附件部分使用.col 类实现自动等宽列的布局，其中的图片为.svg 格式，其引用方法与其他图片的引用方法相同。

2. 页脚部分

页脚部分应用弹性布局，左侧是 Logo 图片和版权信息，右侧的文本是使用.list-inline 类描述的内联列表。

例 11-7 附件及页脚的实现代码如下。

```
<body>
    <section id="additional" class="py-4">
        <div class="container">
            <div class="row">
                <div class="col text-center">
                    <img src="images/icon-a1.svg" alt="">
                    <p class="text-secondary mt-2">全国联保</p>
                </div>
                <div class="col text-center">
                    <img src="images/icon-a2.svg" alt="">
                    <p class="text-secondary mt-2">7 天无理由退货</p>
                </div>
                <div class="col text-center">
                    <img src="images/icon-a3.svg" alt="">
                    <p class="text-secondary mt-2">官方换货保障</p>
                </div>
                <div class="col text-center">
                    <img src="images/icon-a4.svg" alt="">
                    <p class="text-secondary mt-2">满 69 元包邮</p>
                </div>
                <div class="col text-center">
                    <img src="images/icon-a5.svg" alt="">
                    <p class="text-secondary mt-2">900+ 家售后网点</p>
                </div>
            </div>
        </div>
    </section>

    <footer class="bg-dark py-3">
        <div class="container d-flex  justify-content-between">
            <div class="footer_left">
                <span class="footer_img">
                    <img src="images/i-f-logo.png" alt="" />
                </span>
```

< 225 >

```
            <span class="small text-white"> &copy;2004-2022 OPPO 版权所
            有.</span>
        </div>
        <div class="list-inline">
            <li class="list-inline-item"><a class="text-white" href="">版权说
            明</a></li>
            <li class="list-inline-item text-white">|</li>
            <li class="list-inline-item"><a class="text-white" href=""> 隐私政
            策</a></li>
            <li class="list-inline-item text-white">|</li>
            <li class="list-inline-item"><a class="text-white" href="">用户使
            用协议</a></li>
            <li class="list-inline-item text-white">|</li>
            <li class="list-inline-item"><a class="text-white" href="">知识产
            权</a></li>
        </div>
    </div>
    </footer>
    <script src="../bootstrap-5.1.3-dist/js/bootstrap.bundle.js"></script>
</body>
```

习题

1. 简答题

（1）在 11.5 节的特色产品模块的设计中，使用 DIV+CSS 布局设计产品的格式，代码如下。请改用卡片组件实现。

```
<div class="row mb-3">
    <div class="col-6">
        <div class="box1">
            <img src="images/tu1.jpg" alt="" class="img-fluid w-100">
        </div>
        <p class="text-center small mt-2 fw-normal">
            <a href="">OPPO Reno8 8G+256G 微醺</a>
        </p>
    </div>
    ...
</div>
```

（2）使用第三方的 CDN 服务引入 Bootstrap 5，改进 11.1.2 小节的内容。

（3）编写 Sass 文件，使用 Compass 的 Reset 模块生成重置浏览器默认样式的 CSS 代码，进一步完善 11.1.3 小节的全局样式。

2. 操作题

（1）在 Swiper 官网下载 Swiper 8 插件，参考官网的中文教程，设计一个轮播图。轮播图中的图片使用 Holder.js 插件实现。

（2）完成图 11-10 所示的页面，要求如下。

- 使用导航条组件创建导航。
- 使用 Bootstrap 5 的轮播组件或 Swiper 插件创建轮播图。
- 应用栅格布局和弹性布局。

< 226 >

图 11-10　页面效果

< 227 >

参考文献

[1] 温谦. jQuery+Bootstrap Web 开发案例教程[M]. 北京：人民邮电出版社，2022.

[2] 张大为，刘德山，崔晓松，等. HTML5+CSS3+JavaScript+Bootstrap 网站开发实用技术[M]. 3 版. 北京：人民邮电出版社，2020.

[3] 刘德山，章增安，林彬. HTML5+CSS3 Web 前端开发技术[M]. 2 版. 北京：人民邮电出版社，2018.

[4] 车云月. 响应式网站开发实战[M]. 北京：清华大学出版社，2018.

[5] 李爱玲. Bootstrap 从入门到项目实战[M]. 北京：清华大学出版社，2019.

[6] 杨旺功. Bootstrap Web 设计与开发实站[M]. 北京：清华大学出版社，2017.

[7] 黑马程序员. 响应式 Web 开发项目教程（HMTL5+CSS3+Bootstrap）[M]. 北京：人民邮电出版社，2019.

[8] 章早立，翁业林，刘万辉. Bootstrap 响应式网站开发实例教程[M]. 北京：机械工业出版社，2022.

[9] 赵增敏，钱永涛，王爱红，等. Bootstrap 前端开发[M]. 北京：电子工业出版社，2020.

[10] 王红，秦海玉，侯勇，等. Bootstrap 响应式 Web 前端开发（慕课版）[M]. 北京：人民邮电出版社，2022.